立人天地

服饰的进化

萨娜 著

穿衣戴帽中深藏着中国人的秘密

黑龙江教育出版社

前 言 | PREFACE

距今大约300万~20万年前，人是什么样子的？

那时，还是猿人时代。由于地球遭遇了3次冰河期，冰川如林，严寒刺骨，猿人与其他哺乳动物一起，依靠体表的皮毛，依靠体内的热血，度过了生存危机。

猿人裸态生存了200余万年。皮毛作为最贴心的"紧身衣"，成为服饰史上的"第一缕光"。

之后，原始衣物阶段莅临了，草裙和兽皮到处摇摆。

接着，纤维织物阶段莅临了，原始人懂得如何利用动物纤维中的蚕丝了。

这是世界上对蚕丝的最早利用，直到又过了2 000年左右，西方人还不知道丝为何物。他们觉得丝很神奇，以为丝是从树上长出来的，一挂一挂，细细密密，犹如雨丝。

在春秋战国到汉朝的这一段时间里，西方的古希腊人、古罗马人，都在为丝癫狂，为丝迷醉。他们从中国引入了丝绸，穿在身上招摇过市。凯撒大帝也是丝绸的"粉丝"，美滋滋地披挂着，隐隐约约地露着肚脐眼。

狂热的丝绸风，还刮起了一场政治危机。一些罗马学者指出，丝绸价高过黄金，希腊的黄金流水般输入中国，将导致罗马帝国衰落。

这或许是世界上第一场因服饰而引发的国际政治危机了。

此说一出，罗马人为之震悚、惊怔。但震悚与惊怔只是刹那的，对丝绸的追求却是永恒的。丝绸依旧抢手，罗马的国家储备依旧在外流。

罗马皇帝为了降低成本，派出传教士前往中国，以传教之名窃取制丝的秘密。据称，有个传教士很执著，不辞劳苦地跋涉到中国的于阗，绞尽脑汁总算把桑种和蚕种搞到手了。

这或许是世界上第一个因服饰而出现的商业间谍了。

服饰，诞生在文明的源头。它的出现，标志着文明的开始。

可以说，服饰，就是文明的一个LOGO。

各个文明的碰撞、冲突、融合，推动了服饰的进化，促进了衣冠的聚会、色彩的狂欢。

　　服饰是一种锦绣的语言，一种有颜色的语言。它是民族文化的注脚，诠释着各个时代的思想，诠释着各个阶段的心理，诠释着各个群体的行为。

　　服饰又是一种公正的语言，它述说了社会的开放与进步，也述说了历史的禁锢与迟滞。

　　服饰史是一种存在，它又不仅仅只是一种存在。它也是一部变化史，一部流动的传承史。各种变异，各种改革，在它的腹心深处喧响。那里，交错着不同的空间与时间，上演着不同类型的"战争与和平"、不同形式的悲愁与喜悦。

　　从远古到清末，服饰曲折地表达着人类；它以一种外在的形式，表达着民族的内在精神，表达着文化的内在层次。

萨娜

目 录|CONTENTS

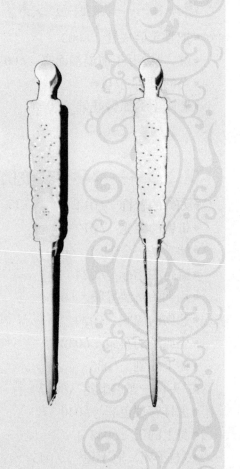

第五章——隋唐五代, 衣冠风流

第一章

原始服饰的追求

　　远古时，人类还在茹毛饮血，但已学会用树叶遮护身体，用兽皮抵御严寒。服饰的雏形就此出现了。服饰起源于大约3万年前，史前人类用骨头磨制成针，缝制兽皮衣，并用野兽的牙齿、骨管，以及石头磨制的珠子，作为饰物。当纺轮发明后，植物纤维也被用于缝制了。

◎把骨头磨成针

大约在3万年前，在北京周口店的山顶洞里，有一个人闲着没事，拿着一根纤细的骨头，在石头上磨来磨去。

他无意识地做这件事儿，以便打发时间。

过了几天之后，骨头磨得又细又长。他看着它，蓦地醒悟，呀，可以再磨细一点儿，用它缝制兽皮呀。

他兴奋起来，更加卖力地磨来磨去，把骨头磨得非常纤巧。

然后，他在骨头的一端，钻出一个小孔，又用草茎捻了一根似线非线的纤维。他把这种纤维穿过小孔，于是，便发明了骨针。

这根骨针，细腻光滑，长8.2厘米。它穿越重重岁月，迄今犹存。

那个发明骨针的人，在当时非常兴奋。他为了检验骨针的作用，找来一块兽皮，用尖锐的石片裁剪成一定形状，在最薄弱的兽皮边缘穿针引线，缝制出了一件不错的兽皮衣。

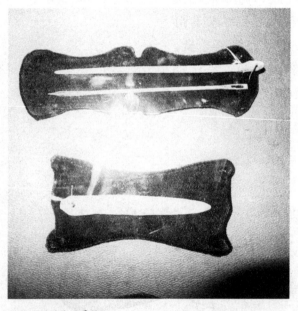

▲新石器时代的骨针

这枚骨针，成为史前人类最早的缝制工具。它也证明了，人类从3万年前就能缝制简单的衣物了。

有了骨针以后，原始人又从植物中提取了纤维，编织成布。

在距今7 000年的时候，原始人用植物制作出了很好的布匹，每平方厘米就有10根经纬线。他们把布铺在陶器

下面，日久天长，连布纹都印到陶器底部了。

又过了大约1 000多年，半坡人织出了更多的布。布的经纬更分明了、更美了。他们还研制出了纺轮。纺轮取材于陶和铜，是最早的纺织工具。

扩展阅读

在服饰史上，最早的实践，就是取皮制衣。它不是兽皮，而是树皮！树皮衣堪称远古服装的活化石。它是远古人征服自然万物的精神体现，是一种可贵的技术探索。

▲研磨细致的原始骨针

◎红，从2万年前涓涓而来

每一个时代，都有一些灵慧的人，石器时代也是如此。

有这样一个原始人，他用衣物蔽体时，油然对美产生了遐想。于是，有一天，他把吃剩的动物骨头收集到一起，加以研磨，不久，磨出一个个不规则的小圆球来。他在圆球中央钻了一个小洞，穿上草捻的线，然后，戴在脖子上。项链就此问世了。

在原始部落，他成了一个光彩四射的人。于是，在他的影响下，其他人也都纷纷效仿。越来越多的动物骨管、牙齿以及贝壳等，被利用起来。

还有青出于蓝而胜于蓝的人，他们给小圆球染了色；还有意识地去寻找白色或黄绿色的小石子，把它们收集起来、串起来，挂在脖子上或胳膊上，开辟了使用多彩饰物的道路。

▼先秦时，古人制作的项链，以红为主色

久而久之，他们发现，颜色可以表达复杂的情感，尤其是红色表达出的情感更加强烈。于是，他们的饰物开始偏向于红色。

他们越来越青睐红色。在日常生活中，无论是祭祀，还是举行其他活动，都少不了红色。部落里，若有少女死亡后，他们会在她的前额涂上红色颜料，给她"美容"；还在她的棺底漆上鲜艳的朱红色；还把其他陪葬物也都弄成红色。红色成了"第一颜色"。

当他们在制造彩陶时，红色竟然占到了90%以上。

之所以他们对红色如此热衷，还有更隐秘的原因。

当太阳初升时，霞光染红了地平线，预示着新的一天的开始；当新生儿出生时，母亲会流出鲜红的血液，代表着一个生命的新生；当在森林里遇到野兽时，为了吓退野兽，需要点燃火把，绽放出红色的火焰，让野兽恐惧、退

离……这些无所不在的红色，在原始人看来，不仅代表着希望，还可以消灾免祸。在这种心理的影响下，他们在下葬时，会在尸骨旁撒上红色的赤铁矿物，或放上一些红色的随葬物，表示祈祷、缅怀、关切。

原始人是实打实的性情，不会弄虚作假，他们染的红色，很少褪色。直到今天，还保留着2万多年前的鲜艳。

周朝时，古人更加推崇红色，将红色运用得淋漓尽致。而黑色和白色则被大力贬斥，被认为是不吉利的颜色。

天子在穿衣时，也变得挑剔了，讲究了。衣的内衬，一定要以朱色为准。就连士兵的衣服颜色，也有严格的规定，也必须是红色。至于祭祀的牲畜也不能马虎，要以赤牛色为主要颜色。

周朝人认为，红色是好运的象征，唯有大量使用红色，好运才会连连来。周朝人对红的崇拜，渗透到了骨髓里。他们还把红色带入名字中，叫"赤"的人一下子多了起来。

其实，从文字角度来讲，中华民族中的"华"字，也代表红色。华人也由此而来。对红色的膜拜，也由此沿袭下来。

今天，某些地方的新房上梁，依然要挂红——红被面、红毛毯、红布条等。这些看起来不起眼的风俗，其实，就来自遥远的2万年前。

扩展阅读

原始人不穿衣服不足为怪，不戴饰物却属罕见。他们在耳朵上钻孔，并用刀切割身体，以示成人；隋唐五代时，还在嘴、鼻穿孔，将婴儿头骨挤压成奇异的形状。

◎葛的风头

黄帝时代，有个大臣，名叫伯余，很爱动脑筋。

伯余在闲暇时，喜欢摆弄麻线。他一边搓线，一边思考着线的用途。在不断地思考中、实验中，他将线编织到了一起，形成了一块布。

他很开心，把这块布按照自己的身材缝成了一件衣服。这样一来，他就成了史前时代的时尚人物，引领了潮流。时人向他看齐，跟着他学，也去如此制衣。就这样，人类最早的布——葛布，流行了。

葛布，来自于葛。那么，葛是什么呢？

葛是一种植物。它的生长速度很慢，但很有韧性；它喜欢潮湿温暖的山间，叶大而有藤，攀援其他植物生长，开着紫色的小花，非常美丽。起先，原始人没有注意到它可以用于制衣，只是挖掘它的根茎吃。他们看到藤条很结实后，又用藤条来捆绑东西。

有一次，他们入山打猎，收获不菲。为了便于把猎物带回山洞，他们用葛藤把猎物捆绑起来，扛在肩上兴冲冲地回去了。回到了山洞，他们又累又饿，为了快点儿填饱肚子，都等不及把藤条打开就把猎物给煮了。

不一会儿，扑鼻的香味飘过来。他们把藤条扒拉到一边，狼吞虎咽地吃起来。

他们一会儿砸吧砸吧嘴大口喝汤，一会儿抓着骨头大啃，很快就将肉都吃光了。就在他们想把残羹也都吞掉时，忽然发现煮熟的藤条已经稀巴烂，漂着丝丝缕缕的纤维。

他们很好奇，围在一起议论纷纷。有人建议用它搓成绳子，有人建议用它编成网捕鸟、捞鱼。

他们便把以前扔掉的藤条都捡回来，再次煮烂分离，搓成绳子、织成网。

◀古人从植物中提取出各种丝线，加以染色，图中女子在整理丝线

这个发明，让他们非常高兴。他们围着火堆又唱又跳，直到天亮还处在兴奋当中。

受到网的启发，他们又琢磨着，何不把它纺成线呢？

于是，他们又把葛纺成粗线，然后，加工成片，制成了衣服，穿在身上。这种衣服比以往的树叶衣、兽皮衣都舒服。它不像树叶那样容易坏，也不像兽皮衣那样不透气。它很适合夏季穿，既结实，又透气。

采集葛藤相对要容易些，但制作葛布衣却很烦琐。他们要先把葛藤捣碎，提取纤维，织成布，再制成衣。这显得很麻烦，所以，他们并没有大量制葛布衣。

在5 000多年前，仰韶人很偏爱葛布。他们将葛布的经度调整到每平方厘米约10根，纬度26～28根。他们还发明出新奇的纺织法，用扭绞和环绕的方式，织出回纹、条纹、暗花，精美得令今人都不禁赞叹。

原始时代，很多部落都是相对独立地生活在密林中，彼此接触很少，文化交流几乎不存在。所以，当仰韶人追求葛布衣时，其他地方的人甚至还不知道什么是葛布。

黄帝的大臣——伯余，智慧超群，善于思考。他也发现了葛藤可以用于制衣，他便以身试"衣"，这才使葛布更广泛地盛行起来。

葛布衣，开启了服饰文化的第一道大门。

它的出现，提高了以花草树木为原始衣物的技术含量。

不仅如此，在逐渐的发展中，它还融入了更多的人文因素。

周朝时，平民以鲜嫩的葛叶为食，权贵以葛藤制成衣物。周朝以后，为了确保采葛、制葛、织葛的质量，还设立了专门的官员。仅在《诗经》中，有关葛的种植和纺织的内容，就有40多条，记载十分细致。

汉朝时，云南人发明了腰机，使纺织技术得到更大的改善。

这种原始的织机，也叫"踞织机"，是指坐在地上纺织。女子们常常坐在冰凉的地上纺织，身体受到很大伤害，导致许多人生病。

后来，有人发明了"足蹬机"，这才使人不再受沁凉之苦。他们只要站在足蹬机上，固定住腰身，脚踩经轴纺织就可以了。

这样一来，葛布衣迎来了黄金时代。这也是服饰史上的一个高峰。

只是，葛藤生长的速度太慢了，供不应求。另外，它的加工难度也大。因此，到了唐宋时，葛布有些落后了。在丝、麻、裘等面前，它显得很"土气"了。

葛布"沦落"成了稀松平常之物，不再那么光鲜了。只有一些南方深山，还在留恋着它。

甚至古人在获得官职时，还以"释葛"来命名，意思

是脱掉了葛衣，穿上更柔软的衣物。

　　明清时，葛越来越深地隐入到历史背后去了。无论北方，还是南方，都遗忘了它，棉花被推到了尊崇的位置上，代替了它。

扩展阅读

　　蓑衣，取材于树皮纤维和草叶等。它是树皮衣的延展，是树皮衣进化的结果。古人在劳作中，不断接触植物，积累了大量知识，既丰富了植物学，也丰富了服饰史。

◎彩陶上的抓髻娃娃

　　在青海大通县，有个叫孙家寨的村庄，在5 000年前，那里曾生活着一群古人。

　　有一天，他们叽叽喳喳地围在一起劳作，切割兽肉。有个人一边干活，一边说话，蓦地，他又戛然而止，瞪大了眼睛像在想什么事情。大家看着他若有所思的样子，莫名其妙。

　　一会儿，那个人突然冒出一句，不如制个东西，盛装兽肉，还能打发时间。

　　部落成员听了，很疑惑，觉得没谱，一哄而散了。

　　但这个人并没有停止想象，他左思右想，竟被自己的想法激动了。当他腾出手来时，便去找了些细泥，不停地捏弄。他捏来捏去，捏出了一个像盆子的器具；他趁着盆没干时，又在里面画上了图案。

　　图案就是部落成员围着池塘跳舞的情景。舞蹈姿势有3组，每一组，有5个舞者，都是部落里很美的女娃。她们均匀地"站"在陶盆的四周，手拉着手，围成一圈；她们的脸上，挂着浅浅的微笑，目光柔和，看着正前方，不时地挥舞衣袖，踩着波浪翩翩起舞；舞姿曼妙整齐，好像在随着音乐的节拍不断地变换；她们的头上，还有漂亮的辫子，腰部还挂着若有若无的飘带，当她们舞动时，一副飘飘若仙的样子，宛如仙女下凡了。

　　陶盆的最外面，还"站"着两个人，手臂只有两根粗粗的线条，也摆着舞蹈的姿势，也是欢快的样子，仿佛要从陶盆中鱼跃而出。

　　这个陶盆制作出来后，震惊了整个部

▼5 000年前的陶盆，盆上"抓髻娃娃"在跳舞

落，部落成员把它当成了"国宝"供奉着。后来，部落衰亡后，它被埋在了泥土里。

当它被现代人发现时，它再一次引起了震惊。陶盆上的舞者，被称为"拉手娃娃"、"抓髻娃娃"。

抓髻娃娃们，都有发辫，样子俏皮可爱。原始人思想纯真，他们在狩猎归来、收获颇丰的晚上，总要跳狩猎舞庆祝。跳舞之前，他们会精心打扮，梳起好看的发型，戴上饰物。

这种发辫，显示了古人类对美的追求。

扩展阅读

"美"字源于古人崇鸟，常戴鸟羽跳巫舞。"美"在甲古文中，是舞者模样，头插4根雉尾。但因刀刻，雉尾的飘曳状很难表现，显得平直有棱角，似羊角，便被讹为"美"源于"羊"。

第二章
神秘而盛美的夏商周服饰

夏商周时，古人对服饰的关注，变得异乎寻常了。统治者把人分了等级，为了强化这种等级，又把服饰也分了等级，定了规矩，以法律的形式，规定哪些款式可以穿，哪些颜色不能穿，哪些花纹不准用等。冠服制度被初步确立了。现代人的上衣下裳形制，也源于那个时候。

◎妇好的首饰

商王武丁的王后，是妇好。她机智勇敢，南征北战，为商朝立下了汗马功劳。

武丁在最初的时候，并不知道妇好的本事，只知道她很有力气。她有一把大钺，足有9公斤，是她的武器。

有一年，北方边境有外敌入侵，武丁派了很多将领前去应战，结果都大败而归。武丁焦急万分，妇好也坐不住了，她请求武丁，让她前去领兵打仗。

武丁一听，有点儿惊讶，他不愿王后挺身冒险。但军情紧急，妇好又一再坚持，再三保证，武丁便犹豫起来。之后，他占了一卦，看到卦象吉利，便同意妇好出征了。

妇好到了边境后，彻底打破了原先的僵局。她指挥有方，作战勇猛，很快将入侵之敌打得哭爹叫娘，狼狈而逃。

妇好得胜而归，武丁非常高兴，封妇好为商朝的统帅，并不断地将更重要的军事任务交由她处置。

▲玉人的发式，显示了商周时的夸张神秘之风

妇好从此开始了征战生涯。她打败了周边的众多小国，如北土方、南夷国、南巴方、鬼方等。她的骁勇善战，让商朝的国土逐渐扩大，她越来越受国民的敬仰。

羌方是一个野蛮的小国，经常袭击商朝。妇好便带着1.3万余人前去大战羌方。这一支由1.3万人组成的部队，在那个时代，算得是阵容最庞大的了。可见，妇好的作战能力是非同寻常的。在经过浴血奋战后，妇好再次取得胜利，武丁更加爱她了。

妇好是一个百战百胜的女将军，但是，由于她经常拼

◀精美的白玉龙纹饰物

杀沙场，也先后多次负伤，她的身体受到很大伤害。当她有了身孕后，健康每况愈下，最终因难产而离开了人世。

妇好的去世，给武丁带来巨大的悲伤。他不仅失去了左膀右臂，更失去了至亲至爱。他无法释怀，痛心不已，在妇好下葬时，他把自己认为很好的东西都一股脑地陪葬到妇好的墓中。尤以饰品居多，共有420多件，大部分是玉饰。

这些玉饰，代表着商朝的尖端制玉水平。它们被制成各种各样的动物，有神话传说中的龙、凤，还有稀奇的禽鸟怪兽，也有虎、熊、象、猴、鹿等。形象逼真，姿态生动，又有生活气息，就像是活的一般。

有一件玉饰，被雕琢成一头小鹿。它回首翘盼，神情警惕，又显得分外可爱。

还有一件玉饰，被雕琢成一只螳螂。它很安闲，又显得有趣，栩栩如生。

除此之外，墓中还随葬着珠宝，如绿松石、孔雀石、绿水晶、玛瑙珠等。

这些饰物，代表着商朝的服饰文化走向，反映出商朝人活泼而神秘的审美观，传达出商朝正处于神与人互相渗透、互相交替的阶段，一方面仍旧巫风习习，崇拜神秘现象；一方面也开始关注人的内在需求。

古人事死如事生，武丁之所以随葬给妇好这些饰物，就是为了让妇好在冥间也能佩戴精美的饰品，也能享受荣华。

不仅如此，武丁还好几次为妇好操持了冥婚。当时的人都相信，祖先的神灵能够保佑一切。所以，他将妇好的灵魂先后嫁给3位商朝的先王，以求他们保护妇好。他也认为，妇好的杰出表现也来自于先王的佑护，所以，把妇好嫁给先王，是两全其美。

妇好作为一位能征善战的王妃而永载史册。她墓中的随葬品，也因为反映了服饰等历史信息而愈加珍贵。

扩展阅读

商周时，衣的领、衽，边缘部分都镶鲜艳的花边，称为"袂"。袂似水袖，但右袂要短一些，以方便干活。袂既好看，又能保护衣的边缘不易磨损，颇具实用性。

◎带钩的荣光

在齐国，社会很动荡。齐襄公与妹妹有私情，还贻误政事、滥杀无辜，弄得朝政一团糟，民怨载道。齐国的公子们担心发生祸乱，被齐襄公杀掉，为了苟活，便纷纷逃往其他国家，躲避灾祸。

公子小白在鲍叔牙等人的辅助下，逃往莒国。公子纠在管仲等人的辅助下，逃到了鲁国。

他们出逃不久，齐国发生了暴乱，齐襄公被杀死了。

得到消息的小白和纠，为了继承君主之位，又急匆匆地从避难所往齐国赶。

显然，情势紧急，谁先到达齐国，谁就能做君王。于是，小白和纠马不停蹄地赶路，希望自己能够提早到达。

小白的行动较为迅速，纠较为迟滞。纠的辅臣管仲很焦急，他为了能让纠继位，自己带着一支小部队去追赶小白，想要拦截小白。

管仲飞速驰奔，在莒国边境处，终于追上了小白。

管仲下马施礼，明知故问地问小白，要往哪里去。

小白也佯装镇静，说是回国参加齐襄公的葬礼。

管仲告诉小白，纠年长，在丧礼中居主要地位，而小白年幼，应在此稍作停留，迟后一步再去奔丧。

小白一时哑然。

小白的辅臣是鲍叔牙。鲍叔牙驱赶管仲快点儿走，别说这些没用的!

管仲默然。

小白此行早有准备，他向莒国借了100乘战车，装备先进，随时可以作战。而管仲只带了30乘战车，双方对比，差距较大。管仲难以实施拦截。

管仲做出退下的样子。然而，就在一刹那，管仲突然

▲剔透的翡翠雕龙带钩

▲鹅首带钩，细腻优雅

▲白玉羊首带钩

迅速地张弓搭箭，一箭射向了小白。小白大喊一声，倒在了车上。

小白的侍从，以为小白死去了，顿时哭声一片。

管仲隔着一段距离看过去，见鲜血从小白的腹部流出来。他料想小白必死无疑，便急忙带着军队离开了。

在回去的路上，管仲一直叹息，因为他和小白并没有仇恨，不过是各为其主使然。

▲白玉龙首嵌宝石带钩

管仲一面派人将消息告诉纠，一面安慰自己，心里嘀咕着，上天注定纠是有福之人，应当国君。

纠得到小白死去的消息后，心里的一块石头落了地。他不再急迫了，而是放慢了赶路的速度，并在沿途将国君的仪仗都演习了一遍。

如此蜗牛一样慢吞吞的速度，让纠走了足足6天，才回到齐国。就在那一刻，他傻眼了。

原来，小白没有死，而是早就赶回了齐国，稳稳当当地坐上了国君的宝座。

▲镶宝石玉带钩

管仲射向小白的那一箭，虽然射中了小白的腹部，但因为小白系着玉带，玉带上的带钩，对飞箭起到了一定的阻挡作用，致使箭射入得不深，没有受到重伤。而小白为了给管仲造成假象，选择了装死。等管仲一离开，他便绕道而行，飞速前进，将纠远远地抛在了后面，顺利地登上了国君之位。从此，历史上多了一个著名的齐桓公。

那个救了齐桓公一命的带钩，也沾染了荣光，在史书上屡次出现。

带钩，是一种腰间饰物，也叫"犀比"。

带钩的第一张面孔，出现在西周。到了战国和秦汉时，已经开始流行了。

在带钩的演变中，它逐渐成为身份和地位的象征。与它相连的腰饰，也都有了法律规定。

▲华美的嵌宝石带饰

比如，唐朝时的带钩，就有严格的等级制度：一品和

二品官员，可佩金；六品以上官员，可佩犀；九品以上官员，可佩银；普通平民，可佩铁。

带钩的原料，起先是青铜，后有金、银、铁、玉、水晶等。其中，尤以玉最风靡。

玉带钩是权贵可以佩戴的，但是，玉带却不准随便佩戴，必须要得到帝王的授权。

帝王有自己的专属带钩和玉带。帝王的玉带特别典型，是排列密集整齐的玉块，称为排方玉带，异常华贵。

扩展阅读

唐朝对公服颜色有规定：三品官穿紫色；四品官穿绯色；五品官穿浅绯色；六品官穿深绿色；七品官穿浅绿色；八品官穿深青色；九品官穿浅青色；流外官及庶人穿黄色。

◎绨，是一个骗局

齐桓公继位后，爱惜管仲的才智，不计前嫌，擢升管仲为相国。管仲也尽心辅佐，使齐国成为强盛的大国。

一日，齐桓公召见管仲，忧心忡忡。

他对管仲说："齐国的边境有两个国家，一个是鲁国，一个是梁国，他们就像马蜂似的，随时会骚扰齐国；同时，他们又是一道屏障，像嘴唇保护牙齿似的，可以保护齐国。我想让两个国家归附齐国，想出兵攻打，又怕留下骂名。这该怎么办呢？"

管仲听了，一时也想不出什么对策，陷入了沉思之中。

几日后，管仲听到一个消息，说很多齐国人现在都去鲁国做生意，贩卖绨。

绨是一种丝织物，柔软光滑，由丝线做经、棉线做纬织出的丝绸。

管仲一听这话，一下子有了触动。他想，如果让鲁国和梁国都种桑养蚕、织绨，到最后又无法售卖，那么，不就可以将两国一齐吞并了！

▶2 000多年前的绮，纹样旖旎

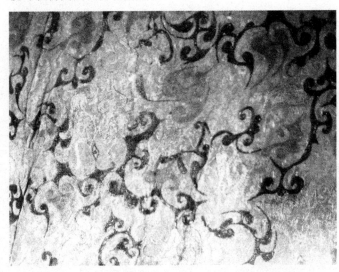

◀2 000多年前的绢，复杂繁丽

想到这儿，管仲高兴起来。他把想法告诉给齐桓公，让齐国人只许穿绨制成的衣服，官员们的公服也都以绨为原料。

齐桓公同意了，带头穿起了绨。

在他的引领下，绨在齐国流行起来。无论是官员还是百姓，都穿着绨。

一夜之间，绨的价格一路飙升，涨得非常快。

管仲又安排了一些人，分别与鲁国和梁国进行绨贸易，大量高价收购绨。

梁国为了增加经济效益，开始大量生产绨，之后出口给齐国。

鲁国有些犹豫不决，因为此前齐国一向欺负鲁国，他怀疑此中有诈。鲁国派人打听消息，人人都说，齐国流行绨，无论多少都不够卖。

按照齐国的人口，齐国的用绨量确实很大。齐国政府有官员7 000人左右，按每个季节计算，每位官员至少需要2套公服，一年就得8套；如果一套公服以1丈为准，每人每年就得用8丈，7 000人一年就得用5.6万丈。这还不算官员的亲属家眷，不算那些商人、平民、文人墨客等。

狐疑的鲁国在观望一阵后，也被眼前的利益动摇了，开始动员全国织绨。然后，由政府统一收购，统一出口齐国。

半年之后，鲁国的首都曲阜，热闹非凡，人嚷马嘶，到处都是运绨队伍，盛况空前，绝无仅有。

得知消息的管仲，非常高兴。他又进一步地给商人下了嘉奖令，规定：如果有人一次能贩卖绨1 000匹，就可以得到黄金300斤；连续贩卖10次者，可得黄金3 000斤。

在这样的鼓励下，梁国和鲁国更是玩命地贩绨。鲁国的财政状况日渐好转，国君乐得合不拢嘴。几乎所有的鲁国人，都弃耕种桑了，一点儿都未觉察到管仲的圈套。

管仲看到时机日益成熟，一日，突然下令，关闭所有与鲁国、梁国的贸易通道；齐国人禁止穿绨，只许穿帛衣。

这下可急坏了鲁、梁两国，他们生产的绨无处可卖，像大山一样堆积；而且，因为退耕种桑，粮食也颗粒无收，有钱也买不到粮食。

为了能够填饱肚子，鲁、梁两国不得不从齐国引进粮食。但齐国卖给本国人的粮食，一石才10钱，而鲁、梁两国买一石粮，却要上千钱。

10个月后，鲁、梁两国的人，忍受不了饥饿，纷纷逃往齐国。

鲁、梁两国国君此时才知道上了齐国的当，但为时已晚，只能眼睁睁地看着自己的国民归附了齐国，自己也只好俯首称臣了。

就这样，管仲只用了3年时间，不费一兵一卒，就让鲁国和梁国乖乖归顺了。如果他不使用这个计策，那么，不知道要耗到何年何月，损失多少人力、物力、财力，才能收服两国。

管仲之所以能够利用绨来实现政治目的，是因为当时的纺织业已经非常发达了，能够满足一国之人一时穿绨，

一时又穿帛。

春秋战国时，已经具备木制的经轴、清纱刀、挑经刀、打纬刀等纺织工具，纺织技术处于世界顶端地位。无论是织绨，还是织帛，都游刃有余。

唐朝时，纺织业更加兴盛，织物繁多，把货币都"挤兑"下去了。货币流通变得困难了，织物流通反而快捷了。织物还大批出口，沿着丝绸之路，打入海外市场。

元朝时，盛况不减。每年到了丝成熟的季节，各地都向元大都运送大批的丝，甚至多达百万斤。那几日，元大都中到处挤满了送丝的车，千百辆逶迤成排，徐徐前进。

奇特的是，中国的纺织技术一直领先于世界，但纺织工具却比较原始，简陋的腰机还很盛行。

扩展阅读

西周时，已有了辫子股刺绣：用黄色丝线绣出纹样，再用颜料给纹样涂色。颜料有红色、黄色、褐色、棕色。这证明了，在遥远的古代，刺绣与绘染是结合在一起的。

◎流行的指标

　　齐桓公喜欢紫色，所以，也喜欢穿紫色衣服。他这一穿，便穿出了流行趋势，没几个月，民间便都穿起了紫衣。这在通信不发达的古代，流行速度之快，让人瞠目结舌。

　　这样一来，紫色布匹的价格直线飙升，1匹紫色面料，比5匹其他面料还贵。齐桓公察觉到这个问题，他担心无法调控经济，便问管仲该怎么办。

　　管仲告诉齐桓公，办法很简单，只要齐桓公不穿紫色衣服就可以了；另外，齐桓公可以对侍从说，自己讨厌紫色染料的味道，这样的话，侍从就不会再准备紫色衣服了。

　　齐桓公无奈，只好脱下紫色衣服，把它扔到一边去了。官员们见状，以为紫色落伍，也开始不穿紫色衣服了。

　　几乎在一天的时间内，都城就没有人再穿紫色衣服了。没几天，紫色面料的价格降了下来，恢复了正常的经济流通。

　　古代服饰的流行，往往都与政治有关，但凡等级高的人带头穿什么，下面就会有人效仿。就这样，一传十十传百地流行下来，导致全国的百姓都跟着效仿。

　　就齐桓公"恶紫"之事来说，紫色好看与否并不重要，重要的是，国君喜欢什么，国君的好恶，才是时尚的标杆，才是服

▼宫廷女子在熨烫织物

饰走向的标志。这其实是一种心理因素在作怪。而这种可以影响服饰史的因素，自服饰诞生之日起，就一直存在，迄今仍未消失。

在邾国，国君特别喜欢佩戴长帽带，他身边的侍从见了，也争相效仿。之后，民间也开始模仿。在短短的时间内，帽带的价格就开始上涨了，国君不禁忧虑起来。

他接受了旁人的建议，将长帽带剪短了，在全民面前做了个表率。不久，民间的长帽带之风就消除了，问题迎刃而解了。

可见，哪一种服饰的流行，并不在于它是否美丽，也不在于传统的沿袭，而在于领袖的思想变化，以及民众的趋从心理。

楚灵王是一个有特殊审美观的人。他非常喜欢腰细的人，于是，从朝野到民间，从皇帝到普通百姓，一律都"省吃俭用"，每顿饭只吃几粒，甚至只吃些菜，根本不多吃稻谷。官员们一天只吃一顿饭，然后，在深呼吸后系上腰带。他们饿得有气无力，只有扶着墙才能勉强站起来。如此过了一年，朝臣和百姓的脸上都呈现出深黑色，严重营养不良。当战争爆发后，由于士兵们没劲儿，以至于大败而归。

国君作为政治权力的主宰，拥有至高无上的权力。他的服饰会带来模仿的风潮，这是古代服饰发展中的一种流行趋势，在服饰史上占据重要的地位。

扩展阅读

冰纨，是指一种纯净、美丽的丝织品；方空縠，是指有着方格花纹、纱薄如空的丝织品；吹絮纶，是指细致、轻柔似絮的丝织品。它们都是汉朝的符号性丝织物。

◎周朝的奇装异服

周朝时，对奇装异服的管理，非常严格。

周天子每年都要巡查，检查各诸侯国的"礼、乐、制度、衣服"。若发现不"正"，就要以"不从"的罪名，把诸侯流放到荒凉之地；若发现谁进行了服饰改革，诸侯就等于犯下了"叛"的大罪，就要被灭国。

不过，这里所说的衣服，并不是百姓所穿之衣，而是朝服、公服和祭服。

周礼铁面无私地规定，不准穿奇装异服，禁止标新立异，禁止突出个性。

王宫里的看守，专门看着3种人，不准他们进入。一是穿丧服的，一是穿盔甲的，一是穿奇装异服的。这就是所谓的"奇服怪民不入宫"。

宫里的嫔妃，也不能随便穿戴，不能出新，要"禁其奇邪"。

不过，追求美是人的天性。到了春秋时期，周天子有名无实，诸侯不再把天子当回事儿，更不把服饰禁令当回事儿了。

到了战国时，奇装异服不仅出现了，还形成了新潮流，街上到处都是"竞修奇丽之服"。

现代社会中，有一种流行时装，左右不对称，或左边的颜色和右边的颜色不一样。其实，这并不时髦，因为早在战国时，这种设计就出现了。只不过，它被视为异端。

晋国的晋献公，是一个有时尚眼光的人。有一年，他派太子申生率军讨伐赤狄。临行前，为鼓励太子，他专门给太子制作了一件"偏衣"。

偏衣非常奇特，左右两边的颜色和尺幅各自不同。太子一穿上它，立马引起了轩然大波。大夫们瞪着它，忍无

▲虎食人青铜器，商周服饰的纹样与此类似

可忍，纷纷议论。

有人说，穿它的人，只有疯子！

有人认为，晋献公让太子穿怪异的衣服，可能是想废掉太子。

显然，大夫们在服饰的选择上，都严格地遵守着祖制，不敢逾矩半步。而晋献公只是先行了一小步，就遭到了舆论的强烈指责。幸亏他是国君，否则会有性命之忧。

郑国公子臧，也爱古怪的服饰。

公子臧是郑文公之子，国君之子。有一年，他与父亲发生了矛盾，害怕被惩治，便逃到了宋国。

初到宋国，一切都还好，没有发生什么事儿。可是，他偏偏有一个嗜好，喜欢戴鹬冠——一种鹬鸟毛制成的帽子。

其实，除了公子臧，还有人戴鹬冠。只不过，它是观测天象的人的专用帽子。按照礼法，其他人不能戴。因此，公子臧的行为，在一些传统的古人眼里，是一种恶行。

远在郑国的郑文公听说后，深觉儿子不争气，品行不端。

郑文公绞尽脑汁，把公子臧骗到陈国和宋国的边境处，将公子臧杀害了。

因为一顶帽子，父亲把亲生儿子杀死了。郑文公却得到了一些人的支持。可见，服饰创新是需要勇气的，甚至可能付出生命的代价。

在鲁国，上层阶级可以戴鹬冠。平民戴了要被重罚。

有个人名叫佐丁，是个小偷。一次行窃时被抓到了。

按照鲁国的法令，如果偷盗一钱，要处以罚金一两。佐丁偷盗了一斗米，这斗米的价格为三钱，依照法律，应当罚他三两金，然后释放。

可是，主审官柳下季却做出不同的判决，把佐丁给收为官奴。这种处罚，相当于偷盗200~1 000钱的量刑标准，

▲新疆出土文物，人物所穿衣服样式新颖，为不对称式

罚得相当重。

有人表示质疑，为什么这样？

柳下季回答说，因为佐丁戴了鹬冠去偷窃，鹬冠只有上层阶级才可以戴，佐丁却擅自戴了，而且，还去干鸡鸣狗盗之事，深深地损害了上层阶级的形象，所以要严惩。

这说明，衣冠中，饱含着深刻的文化因子——如果戴鹬冠，就要有大志向、大追求，不能行苟且之事，做让人不齿的行为。

扩展阅读

裘，一般都饰以裼（中衣）。赴丧时，不能渲染裼衣之美，而要把它"袭"——加穿衣服把它掩藏住；晋见君主时，为示尊重，要尽量展示裼衣之美，即"尽饰"。

◎悲伤的凶服

公元前627年，一场战争爆发了，交战双方是秦国与晋国。

秦军原本是去偷袭郑国，行军到中途时，被郑国人发现，偷袭不成，便灰溜溜地回来了。

秦军不甘心，非常懊恼，在返回时，经过滑国，便把火气撒向滑国，把滑国灭掉了。

滑国是晋国的附属国，晋国得知后，顿时大怒。为了教训秦军，晋军埋伏在一处险要的山隘处，等秦军经过时，立刻劈头盖脸地猛打。

秦军惨败，除了3名主帅，全军覆没。

这3名秦军将领被押到晋国。晋国国君的夫人是秦国人，她见晋军要杀那3个人，说了不少好话，使3个人保住了性命，让他们回到秦国。

秦穆公听说了，悲痛欲绝，亲自出城门迎接3个人。秦穆公痛哭流涕，对3个人说："战争失败了，责任并不在于你们，而是我决策失误。"

秦穆公身上特意穿着凶服，以此表明他自己有很大的罪过。

凶服，就是在发生凶事时穿的衣服。在所有的凶事中，最严重的就是死亡。

在古代，如果有人死亡，按照与死者的亲疏关系，要服不同的丧期，穿不同的丧服。从关系的重、轻，可分为斩衰、齐衰、大功、小功、缌麻，合称五服。

当父亲死了，而儿子或女儿尚未嫁娶，或者当寡母死了，亲眷都要服斩衰。

斩衰，是什么制成的呢？

它是由粗麻布制成的，麻布剪断的边上还不缝线，

▶丧服就是凶服，图为哭丧女子

就是原模原样，看起来特别粗糙。穿着它的人，一穿就是3年。

古代的女子在20岁左右就都出嫁了。如果尚未出嫁，却失去了父亲，那么，就要先服3年的斩衰，等到23岁时才能出嫁。

如果丈夫死了，妻子也要服3年斩衰。但如果是妻子死了，丈夫却只需要服1年的齐衰；而且，齐衰的麻布边还缝制过，很整齐。

丧服中，显示了男女之间的不平等关系。

春秋时，齐国大夫晏婴的父亲死了。晏婴按照规定，服了斩衰。他还在头上戴了一条麻布带，叫"首绖"；腰上还系了一条麻布带，叫"腰绖"；手上还拿着一根哭丧棒，叫"苴棒"；脚上还穿着草鞋，叫"菅履"。这样一整套下来，也出来了一个成语——"披麻戴孝"。

晏婴的食谱也做了调整，他每天只是喝点儿稀粥；住

在又黑又矮的小草棚里，身下只铺着禾秆，枕头就是枯草。以此来表明对亲人的哀思。

　　丧服的缝制，粗略简单，颜色也单调，不华丽，不精致。对于服饰本身来讲，它可谓一种退步。但对于当时的礼俗来讲，却有着特殊的意义，渗透着独特的时代思想。

　　周朝时，这种礼法有所精简。服丧时，大抵只用一块麻布，大约长6寸宽4寸——周朝的1寸约等于今天的2厘米。也就是说，周朝人只把一截布条挂在胸前，就能代表披麻戴孝了。这块麻布，叫做衰（縗）。

　　延续到今天，服丧越来越简化，连麻布也不用佩戴了，只在左胸戴一朵小黄花，或者在左臂戴一块黑纱就可以了。一些女性还可以在头发上戴一朵白绒花。

　　戴小黄花是"衰"的遗制，戴黑纱是"袒"的遗制，戴白绒花是"首经"的遗制。

扩展阅读

　　元朝崇尚纯素，白为国色。皇帝的旌旗、仪仗、衣物多为白色。白罗、白绢、白绫、白锦、白芎丝等最风靡。逢年，举国衣白，举目皆白色织物、白色马匹、白色礼物。

◎生虱子的军服

无论哪个朝代，军队都必不可少，军服也必不可少。军服中，蕴含着时政、军事信息，是服饰文化的重要部分。

军服包括两种类型，一种是戎装，一种是甲衣；戎服是日常穿着；甲衣是战斗之服。

甲衣在春秋时就出现了。

有个郑国大夫，叫徐吾犯。他有个妹妹，长得很漂亮，很多人都来求亲。郑国国君的孙子，名叫公孙楚，也特别仰慕，早早便登门求亲，下了很重的聘礼，发誓非她不娶。

与此同时，公孙楚的哥哥公孙黑，也将彩礼送上了门。

这下子，徐吾犯作难了，两兄弟他都不想得罪。他踯躅不定，颇是愁闷。他的朋友便告诉他，不必为难，可以直接让你妹妹选就行了。

徐吾犯从其言，便对公孙兄弟说："此事我也做不了主，需要妹妹亲眼看一下，她同意嫁给谁就嫁给谁。"

公孙兄弟同意了，他们展开了公平的竞争。

哥哥公孙黑先走进房间，他穿戴得非常华丽，举止非常优雅，当他走出去时，风姿灼人。

弟弟公孙楚后走进房间，他身着一身甲衣，手中拿着弓箭，做出一个潇洒的跃上战车的姿势，再走出来。

徐吾犯的妹妹藏身在内室，将一切看得清清楚楚。

▲武士俑。左人俑一身戎装，合体而精致

徐吾犯问她的意见。她说，公孙黑很漂亮，但却没有男子气概；公孙楚则不同。

徐吾犯明白了，妹妹心仪的是公孙楚。

这位绝代佳人之所以选择公孙楚，那套甲衣起的作用至关重要。

行军打仗时，甲衣是不能脱掉的。无论天有多冷，或者多热，都必须穿着。由于密不透风，不能清洗，夏天时，甲衣会生出很多虱子，让人苦不堪言。甲衣造价很高，也不经常更换，因此，许多甲衣都破破烂烂的。

田赞是齐国人，他不满楚王发动战争，准备去说服楚王息战。

这天，他特地穿了一件打补丁的衣服去见楚王。楚王一见，非常吃惊，脱口而出："你怎么穿这么差劲儿的衣服呢？"

田赞回答道："还有比这更差劲儿的衣服呢。"

楚王皱起了眉头，说："是什么样的，你说说。"

田赞娓娓地说："将士们穿的甲衣比我的衣服更差劲儿。到了冬天，他们冻得要命，因为甲衣一点儿都不暖和；到了夏天，又热得要死，因为甲衣一点儿都不透气。我以为，世间最差劲儿的衣服就是甲衣了。我是穷人，穿得差，不足为奇；可是，楚王是至尊之人，富裕程度没人能比，却让国人穿着最差劲儿的甲衣，这相当不好，还请楚王深思。"

楚王一听，顿时明白过来，原来田赞是想让自己停止战争，归于和平。

楚王无言以对。

周朝时设立了"函人"一官，专

▼雕刻在石壁上的人俑。左为武士，身着奇美军服，纹饰繁细，显示服饰发展的辉煌

门负责制作甲衣。很多甲衣都是青铜制成的。有头盔，有前胸，有后背，产量不大，因为青铜也很抢手，不够供应。所以，普通的士兵没有资格穿戴青铜甲衣，只能用革甲保护自己。

皮革不如青铜坚硬，为防止箭将其射穿，皮革要叠加好几层。

标准的犀皮甲衣，有7层；兕皮甲衣，有6层；合皮甲衣，有2层。合皮就是将牛皮合着对贴起来，这样一来，牛皮实际上有很多层。

秦穆公时，曾发生了一场大车战，秦穆公被箭射中。秦穆公穿着7重之甲，箭射穿了6层，差一层就射穿了，而就是这最后一层，保住了秦穆公的命。

甲衣的发明，迫使射箭手们的技术也提高了。如果射箭手的力量不大，根本就是隔靴搔痒，无济于事。

扩展阅读

古川蜀，百姓多穿褐。褐，是他们的越冬衣物，用粗糙的麻线或毛织成，很低廉。褐与锦相对。锦，是上层权贵的日常衣物。下边是瑟瑟之褐，上边是艳艳之锦，对比醒目。

◎树上的剑

春秋时，吴王有4个儿子，长子叫诸樊，次子叫余祭，三子叫夷昧，四子叫季札。四子季札最为贤能。

季札小时候就聪明过人，长大后更是才智满腹。吴王想传位给他，他坚决不肯接受。吴王只好传位给了长子诸樊。

季札实在太优秀了，哥哥们也都想让他即位，便采用了兄终弟及的继位方式。就这样，诸樊之后，继位的是二弟余祭，然后是三弟夷昧，最后终于轮到季札了。

可是，季札还是坚决推辞，不去继承王位。他甚至一度躲避起来，四处流浪。

季札的仁德贤能，简直无人能够超越。他还很重信义。

有一次，季札去出访其他诸侯国，途径徐国时，与徐国国君见了面。徐国国君非常喜欢他身上所佩戴的剑，眼神里流露出了渴求之色。季札看了出来，心里决定，要把剑赠予徐国国君。只是，因为他还要走访列国，若不配剑，相当于失礼，所以，他准备出访回来时，再赠予徐国国君。

岂料，当季札返回时，徐国国君已经死了。

季札来到徐国国君的墓地，默默地取下剑，挂在墓旁的一棵松树上。

侍从很纳闷，说不必如此，因为徐国国君已经去世了。

季札说："我心里早就将剑许给了徐国国君，并不能因为他不在人世了，就违背我当初的心意。"

这件事感动了许多人，当时还有人作歌纪念。季札赠剑也成了一段佳话，一直流传至今。

剑，作为一种佩饰，自古以来就有了。

起初，佩剑很随意。后来，佩剑逐渐有了法律规定，若是在宗庙或殿内，可佩直剑；若是到了帐内，需解剑；

一品大臣、散郡公、开国公侯伯，可佩双剑；至于其他人，只准佩一把剑。

随着岁月的推移，时代的演进，佩剑的人越来越多。文人也喜欢在腰间佩上一把剑，以抒发远大志向，或展现俊朗外表。

到宋朝时，佩剑制度陡地严格起来，只有将军和统帅才能佩剑，普通士兵都不能佩剑。

之后，剑又成为了皇室的玩物。至清朝，剑名也发生了变化，剑的前面被加上了"宝"字，使它更多地呈现出装饰性，原来的武器性质慢慢地丧失了。

扩展阅读

裙在隋唐时，成为女性服装的专用名词。男子很少穿裙了。裙分长裙、短裙；长裙分拖地长裙、着地褶裙。长裙为礼服，多穿用于祭祀典礼等场合，以示严肃和尊重。

◎ "头衣"那点事儿

先秦时，成年男子如果不戴冠巾，会让人觉得很没有礼貌。

一个大白天，齐景公喝醉了，迷迷糊糊，披散着头发，搂着美女，踉踉跄跄地径奔马车，准备驾车出宫游玩。

车子刚行到宫门口，却被宫人拦住了。

宫人不让齐景公通过，说齐景公的样子太不像话了，根本不像一国之君。

齐景公听了，登时酒醒，羞愧得不得了，连忙掉头回去。到了第二天，他都不敢上朝见人。

朝野上下都很注重冠巾，它好像是一个人的身份证，彰显着此人是否为礼仪中人。

贵族们尤其注重冠巾，衣冠楚楚就是对他们的最好注释。一个人名气再大，如果冠巾不整，别人连看都懒得看一眼，还会躲得远远的，生怕自己会沾染上不良的风气。

由于衣冠可正身份，因此，按照律令，犯了罪的人，或是沦为奴隶、仆从的人以及狂放不羁的人，不许戴冠。

甚至还出台了一种刑罚——髡，意思是剃去犯人的头发。一些人在犯罪后被剃掉了头发；没有了头发，自然就

▼《采薇图》中，伯夷和叔齐都戴着巾

不用戴冠了。

即便有的人没有被剃头，但也不能戴冠，只能用青布裹头，俗称"苍头"。

苍头也是奴隶的称呼。古代军队中多有奴隶，所以也叫苍头军。

如果有人犯了错，向人赔礼道歉，那么，必须要摘冠。否则，就会被认为态度不诚恳，对方不会接受。

若自动除冠，就相当于自降身份，承认自己有错或有罪。战国时，赵国的平原君得罪了信陵君，信陵君便准备离开赵国。平原君听说后，马上跑去道歉，把冠摘了，这才将信陵君留住。

衣冠能约束人的行为，儒家深以为是。儒者都戴上儒冠，既是标志儒者的身份，也就此来校正自己的行为。

汉朝的开国皇帝刘邦，很讨厌儒冠。刘邦出身卑微，看重武将，认为武将能帮他夺取天下，他看不惯儒士，认为儒士虚头巴脑。有一天，他竟把儒士的儒冠拿来，往里面撒尿，以示不屑。

有一个儒生，非常聪明，他叫叔孙通，善于察言观色、审时度势。他在知晓了刘邦的脾气后，便不在刘邦面前穿戴儒生的衣冠，而是穿上武将们穿的短衣。刘邦见了，心里高兴，很是信任叔孙通。

刘邦开创汉朝后，有的武臣自恃有开国之功，非常傲慢。而且，他们只逞匹夫之勇，不懂规矩，经常在宴席上大喊大叫，拔刀相向。刘邦心里很不痛快，可又不好发作。这时候，叔孙通及时地进言了。他说，儒生不能打天下，却能保天下。

刘邦霍然惊觉。

叔孙通便给刘邦出主意，让刘邦按照先秦以来的惯例，制定出细致的衣冠制度，以此来强化鲜明的等级观，明确地体现出尊卑之位。这样一来，每个人都能安于自己的身

份和地位，就不会胡乱叫嚷踢打，在朝堂大殿上闹笑话了。

刘邦听从了。衣冠制度自此得到了重视。帽子变得更加必不可少了。

汉朝人在戴帽子时，会把头发包裹起来，因此，帽子也叫"头衣"。

头衣有5种：冠、冕、弁、巾、帻。前3种，是上层阶级的男子戴的，都可以称为冠。而在冠中，又可以细分为19种。

可见，当时的衣冠已经格外发达了。

⊰ 扩展阅读 ⊱

衣冠的花纹非常多，有如意卷草纹、联珠羊纹、联珠野猪纹锦、联珠对凤纹、联珠对马纹、联珠对鹿纹、宝相花纹等。它们是对社会现实的反映，有时代感。

◎怎样管理色彩

　　公元前500年的一个清晨，51岁的孔子，带着弟子到中都任职。

　　中都，是山东汶上县以西的一个小镇。鲁国风闻孔子是一个有才能的人，但也想先试用一下，所以任命孔子为中都的行政长官。中都很小，官位也很轻微，可孔子没有嫌弃，即刻走马上任了。

　　到了中都，孔子实施了仁政，制定出一系列符合礼制的规范。他定下的规矩，非常细致，甚至连下葬的棺椁，都规定了尺寸。

　　这样一来，任何事情都有理可查，有据可依，中都的风貌，变得焕然一新了。人与人都宽厚和谐，治安良好，人人遵守礼制，社会呈现一片太平。中都一下子名声在外了。

　　仅仅一年时间，来中都求教的官吏，就多如过江之卿了。官吏们都将中都作为示范地区争相效仿，希望自己所管辖的地方也能发展得这么好。

　　孔子的确是个圣人，于大于小，都能发挥才能。无论是用牛刀宰杀小鸡，还是用小竹刀杀大公象，都丝毫不差，利落干净。

　　由于孔子大有才能，震动了鲁国政府，他被破格提拔为司空，一跃而进入了中央管理机构。

　　司空，相当于今天的总理助理，权力很大，地位很高。孔子在进行改革的同时，还对服饰礼仪进行了规范。

　　孔子提出，君子着装，不要用天青色和铁灰色镶边；不要穿浅红色和紫色的便服，处于屋内；夏天时，如果要出门，里面要穿粗布单衣或细布单衣，不管多热，外面都要穿上衬衫。

◀红色自古即为尊贵之色，图为红色串枝莲花缎

为什么如此偏执呢？

　　这是因为，在孔子的时代，纺织技术水平还比较低，且无棉织布，丝绸也很少，只能穿葛布单衣。葛布的空隙较多，穿起来凉快，但如果暴露在外面就显得有些不雅。所以，孔子提出，要在葛布单衣外面再套一件衣服。

　　孔子对衣服颜色的搭配，也立下了规矩，指导人们如何管理色彩。

　　黑色的衣服，要配紫色的羔皮大衣；白色的衣服，要配白色的大衣；黄色的衣服，要配银色的大衣。这样一来，内外的颜色才有对称美，显得很庄重。

　　可以穿亵裘，因为亵裘保暖，不会暴露身体的任何部位，很庄重。

　　男子在家中，上身穿一般的衣服，下身穿裙子；上衣和下衣不连在一起，以方便做事。

　　若是上朝或祭祀，要穿上下连成一体的裙子，将整个身体都严严实实地包住，以示严肃、庄重。

　　若是参加丧礼，绝不能穿紫色的羔皮大衣，戴黑色的礼帽。因为丧事是不吉利的事，而紫色羔皮大衣和黑色礼帽却是吉服，与实际场景不相匹配。

　　若是在大年初一上朝，要穿朝服祝贺，以示对国家的敬重。

若是去参加斋戒，要在沐浴后，穿专门的浴衣。

孔子的这些关于服饰的规定，含有浓重的政治色彩，是站在统治阶级的立场而制定的，限制了对人性之美的追求，有很大的历史局限性。对于服饰的发展，这是一种倒退。

但是，孔子所处的时代，刚刚从野蛮时代进化过来，受到客观条件的限制，大多数人的思想还处在成长中，在这种情况下，孔子能教导他们崇尚文明、追求雅致，这对于服饰的发展，对于社会的发展，又是一种空前绝后的进步。

❈ 扩展阅读 ❈

"绿兮衣兮，绿衣黄裳"，这是《诗经》对色彩混乱进行的指责。按照当时礼制，上衣应为正色，如黄色，下裳应为间色，如绿色；若穿绿上衣、黄下裳，便是违制。

◎身上的玉

玉，是一种很重要的佩饰。商朝时，只有统治阶段才能佩玉。

到了西周后，玉被赋予了美好的品德，即"君子比德于玉"。于是，道德高尚的人都佩玉。

子贡是孔子的一个得意门生，头脑聪明，口才很好，在经商方面更有才能，家境格外富有。由于他头脑活络，他向孔子提问也总显得独树一帜。

一天，子贡问孔子，君子看重玉器，却对酷似玉的美石视而不见，这是因为玉器少，而美石多吗？

孔子当即责备他，你说的这是什么话呀！君子是不能因为某样东西少就看重它，因为某样东西多而看轻它的！君子之所以看重玉器，是因为玉的品相与君子的德行相似；玉有光泽，代表仁德；玉有纹理，代表智慧；玉很坚硬，代表义气；玉有棱角，代表品行；玉不易弯，代表勇敢；玉有瑕疵，代表丰富；玉在敲击时，可听到清越之音，停下来时，则无一点儿杂音；这就似君子的品行。所以，君子才会尤其珍爱玉。

玉与君子联系到一起，以至于佩玉也越

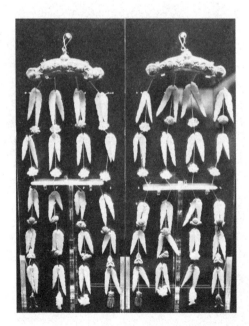

◀豪华的玉佩，只许皇后佩戴

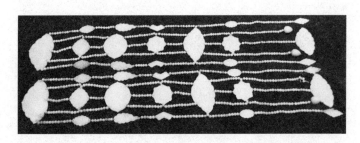

▶古朴莹润的玉佩

来越华丽，越来越讲究。一个个玉佩甚至被糅合在一起，加工成玉璜、玉璧、玉珩等。

不仅生前佩玉，死后也佩玉。尤其皇帝们，在驾崩后，总是陪葬大量的玉，以示身份的尊贵。

佩玉的人，并不只戴一种玉。有的人会将几种玉同时戴在身上，在走路时发出清脆悦耳的声音，随时提醒自己要注意德行。

这种声音，被称为"环佩"。此二字，也成为古代女子的代称。

清朝以前，多是腰间佩玉；清朝以后，还出现了胸前佩玉。此风沿袭至今。

扩展阅读

周朝，天子佩白色的玉，用天青色丝线（组绶）；诸侯佩有黑色山纹的玉，用红丝线；大夫佩有苍色水纹的玉，用黑丝线；诸侯的太子佩玉中的瑜，用青黑丝线；士佩似玉的美石"瓀玟"，用浅红丝线。

◎ "君子死，冠不免"

楚庄王设宴，召群臣痛饮。

大殿上的蜡烛忽然熄灭了，一片漆黑。一个臣子趁机去碰楚庄王身边的美人。这位美人非常生气，使劲儿拉断了那人的冠缨。然后，美人握着冠缨向楚庄王告状。

在这种情况下，如果蜡烛重新点亮，那个调戏美人的大臣立马就会暴露。古人对冠的重视，到了肃穆的程度，若被发现扯掉了冠缨，定然出丑；若以律法处置，量刑也不轻。楚庄王想了想，觉得不能因小失大。于是，他趁着大殿上还是漆黑一团，命令所有的大臣都扯掉冠缨。

当大殿恢复明亮后，所有的人继续尽情饮酒，好像刚才什么都没有发生过。

不久，吴国进犯楚国。楚军拦截，有一个人特别奋勇，拼死抗敌，极其感人。楚庄王召此人来见，问他为什么这么勇敢。

此人答道："我就是那个在大殿上被扯掉冠缨的人。"

原来，楚庄王维护了他的尊严，他对楚庄王的豁达铭记于心，一直想找机会报答，所以才奋不顾身。

这是一段关于冠的史实，很有韵味。

冠，代指成人；冠礼，是一种成人礼。

成年时，人要戴冠，这便是"礼"；若当冠不冠，就是"非礼"，就代表不懂礼数，就要受到排斥。

当然，穷苦的平民戴不起冠，冠礼主要在贵族中通行。由此，冠便成了区分贵族和平民的标志。

对于贵族，冠至关重要，亦如墙屋之于宫室。

子路是孔子的得意门生之一，孔子与他感情很深。孔子赞扬子路勇敢，不亢不卑，但他听到子路弹琴时，琴声

▲乌纱翼善冠，上嵌红刺石

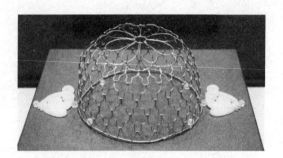

▲华贵的金丝冠

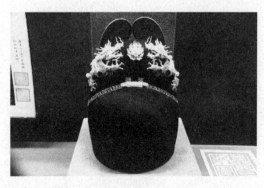

▲乌纱翼善冠（复制品）

过于激昂，他又担心子路莽撞，不得善终。

子路却不惧死，他的愿望是与人共患难，死而无憾。

子路先在鲁国做官，后又到卫国做官。卫国掌管朝政大权的人，叫孔悝。孔悝听闻子路的才能，召请子路做了自己的家臣。

这一年，孔悝受到了母亲的胁迫。这位母亲蓄意谋反，想立自己的弟弟蒯聩为国君，强迫孔悝杀掉现任国君。

孔悝没去杀现任国君，他由此陷入了困境，被蒯聩的叛军包围起来，生死难测。

子路正在城外办事，听到这个消息后，立马往城里跑。半路，子路碰上了高柴。高柴也是孔子的弟子。高柴大喊子路，叫他不要进城去，城门已经关闭了。

子路不听，坚持要去解救孔悝。

高柴苦苦相劝，让子路不要再搭上自己的性命。

子路反驳高柴，自己身为孔悝的家臣，怎能见死不救呢？

子路固执地赶进城去。

消息传到鲁国，传到孔子耳中。孔子已经72岁了，他跌足叹息道，子路再也不会回来了。

孔子断定，子路义气当先，定会

以死殉难。

果然如此。当子路进城后，立刻与蒯聩的叛军发生了激斗。

蒯聩命人攻打子路，将子路头上的冠缨打断了。

子路非常气愤，厉声道："君子死，而冠不免。"他弯下腰，捡起冠缨，认真地系到帽子上。然后，他坦荡地面对叛军的刀戈，从容不迫地死去了。

缨，是一种帽饰。帽饰的最早样子，是动物图腾，或植物图腾。

后来，有了男冠女笄之礼。男子到了弱冠的年龄，女子到了及笄的年龄，都要将头发束起来，用笄固定冠，然后结缨，很是庄重。

男子行冠礼时，要先后戴冠3次，分别为缁布冠、皮弁、爵弁。

缁布冠，是日常生活所戴的冠；皮弁，是打猎或战争时所戴的冠；爵弁，是祭祀祖先或神灵时所戴的冠。

皮弁上，饰有玉。侯伯，饰7块玉；子男，饰5块玉；孤卿，饰4块玉；三命之卿，饰3块玉；再命大夫，饰2块玉；周天子饰五彩之玉，其他人只能饰两种颜色的玉。

皮弁很有意思。若在日常生活中戴皮弁，会被认为很差耻，要受到舆论的谴责。

卫国的国君卫献公，一日闲暇，召请臣子孙文子、宁惠子饮酒。两个大臣穿着朝服应约入宫，然而，等了半天，也不见卫献公。

眼看着天渐渐暗了下去，卫献公还没来。原来，卫献公独自跑到苑囿狩猎去了，忘记了时间。

两个大臣便到苑囿去找卫献公。卫献公便过来跟他们说话。

结果，"二子怒"。两个大臣异常愤怒。

为什么呢？

因为卫献公没有换掉皮弁。虽然贵为一国之君，但在古人眼中，这也是让人生气的。

比起卫献公，楚灵王在这方面做得深得人心。

楚灵王出征时，将军队驻扎在乾黔。当时正在下大雪，可是，当有臣子来见他时，他依然摘去皮弁，在寒风中光着脑袋，以示对大臣的尊重。

除了朝臣，便是平民，也深知冠之礼仪。

在齐国，有一个虞人，看管狩猎的山林。这一日，齐景公在山林狩猎，很尽兴。高兴之余，他要招待虞人。

虞人却不愿上前，迟迟不动。

齐景公很生气，硬是派人将虞人绑了来，喝问虞人为什么不来。

虞人处变不惊，说自己并没有错，自己只是见到国君还戴着皮弁，不敢进来而已。

可见，时人对冠礼的遵守程度已深入骨髓。

到了汉朝，冠仍非常重要。

汉武帝一向大度，常不拘礼法。可是，在汲黯面前，他却有所收敛。汲黯性情耿直、敢于直言不讳，他不敢太任意妄为。有一天，他没有戴冠，在大殿召见大臣。这时，汲黯来了。汉武帝一听，吓了一跳，生怕被汲黯批评，赶忙躲到屏风后面，让人去支应汲黯。冠对古人的重要，可见一斑。

扩展阅读

孔子认为，衣冠对人有一定的约束作用。服丧的人，不是他不想听音乐，而是丧服约束了他；穿黼衣黻裳的人，不是他不想吃大鱼大肉，而是祭祀礼服约束了他。

◎战国的内衣

内衣在古代又称"亵衣"，意思是，贴身穿，在家里穿，不被外人看到。

"亵，私服也"，含有轻薄、不庄重的意思。表明了古人对内衣的一种隐讳态度，一种回避的态度。

先秦时，季康子的母亲死了，有人给她穿了内衣。季康子的祖母敬姜看到了，让人把内衣撤掉，说，妇人不梳妆，都不敢见姑舅，现在，有外人从四面八方来，怎么还能把亵衣展示出来？

敬姜是罕见的识礼的女士，孔子对她都很敬仰。她的意思是，亵衣不庄重，不能示人于众目睽睽之下。

商周时，内衣也叫"泽"。其字面意思是：可吸收人体的汗。

汉朝时，衣服分为：大衣、中衣、小衣。小衣，就是指内衣。汉朝人又把小衣称为"帕腹"、"抱腹"、"心衣"。

帕腹，很简单，只在腹部裹上一块布；抱腹，稍复杂，是在帕腹的基础上，加一条带子，将带子绑紧；心衣，较精巧，只有一块布，抹于胸前，后面什么都没有，与现在的肚兜很像。

女子的内衣，还有专称——"袜"。

▲肚兜是内衣的一种，图为红地绣花肚兜

▲样式精美的肚兜

扩展阅读

清朝学者李渔批评新潮的服饰，"只顾趋新，不求合理"。他用了一个经典的比喻，说衣服与人是否和谐，就像人是否服水土一样。他的这种思想，是先进而科学的。

◎让人愤怒的袜子

袜子有一个曲折的发展历程。最早的袜子，距今有3 000~4 000年。

最早的袜子，叫做"角襪"，又写作"韈"。之所以写作"韈"，是因为它是用兽皮制的。

逐渐地，出现了布袜、麻布袜、丝绸袜。兽皮袜消失了，这时候再把袜字写作"韈"，显然就不合适了。于是，"韈"也被取缔了，代之以"韈"。

"韈"字又经过重重简化，终于简化成了"袜"字。

"袜"，虽小，虽不起眼，但这个字的嬗变过程，却是一段文明发展的进程。

古时候的袜子，有6种：筒袜、系带袜、裤袜、分趾袜、光头袜、无底袜。

筒袜又分为长筒袜、短筒袜。

系带袜最常用，最牢靠，三角形，不易掉落。

分趾袜可把大拇指和其他脚趾分开。

光头袜和无底袜是专门为裹脚的女子发明的。

根据季节不同，夏天穿丝绸袜，冬天穿皮袜；晋见皇帝时，连袜子也要脱掉，不然就是非礼。

褚师声子在卫国当大夫，在一次酒宴上，他穿着袜子入席，让卫国国君大为不满。国君恼怒道，这是对自己的不敬！

▼2 000多年前的丝绸夹袜

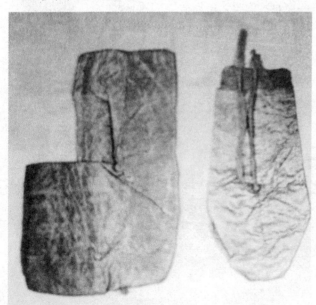

褚师声子赶紧解释，说自己脚有残疾，与常人不一样，不敢示人，所以不敢脱袜。

国君还是气哼哼的。虽一旁的大夫也跟着劝解，但国君依然面色难看。

褚师声子无奈，起身想要离去。可国君竟然不让他走，一把抓住他，要砍了他的脚。他很害怕，不敢走了，说那就先喝酒，之后再说砍脚的事儿。

国君依旧愤愤不平，下令削去褚师声子的封地，撤掉刚刚帮腔的那个大夫的官职，把他们的车子都推到水里去。

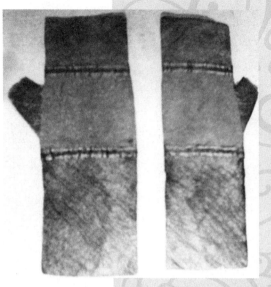

▲2 000多年前的手套

可见，脱袜中蕴含的礼制多么严苛。

不过，如果是与平辈人并坐，袜子就可脱可不脱了；如果席中有长辈，有身份比自己高的人，哪怕没有国君，也必须脱袜；如果女子在服侍婆婆，也要脱袜，以示尊敬。

上层社会的人，要穿袜子，象征地位和身份。平民愿意穿就穿，不愿意穿就不穿。

著名的东郭先生，家里就很穷困。冬日，大雪纷飞，他的鞋子却还没有做完。可他有事，必须穿鞋出门，无奈，他只好穿着没有底的鞋走入雪地中。

有人看到了耻笑他。他却一字一顿地说，谁能穿着鞋让脚直接走在雪上？

人们一看，的确如此，他不仅没鞋底，也没袜子，雪上印着一个个脚趾印。

秦汉时，有钱的人，会穿真丝袜。袜子多为系带的长筒袜，一般为白色。但在祭祀时，要穿红色的袜子。

最好的袜子，是绢纱袜，里层是粗一点儿的绢纱，外面是很细的绢纱。

东汉的制袜技术提升，有底色，有花鸟纹，有吉祥文字。

魏晋时，袜子用麻布、帛、熟兽皮制作，还是三角形。曹丕有个妃子，爱动脑筋，她觉得三角形的袜子太难看，穿着不方便，便用丝织成拐弯形的袜子，就是现代形状的袜子。这种袜子，瞬间风靡。不久罗袜出现了。

裤袜，是在宋朝时出现的，多用棉布制成。

羊绒袜，是在明朝时出现的，多为白色。

扩展阅读

周朝就有毡帽。唐朝时，政治家裴度因维护正义，遭到政敌行刺。生死关头，全亏他戴了一顶毡帽。刺客的刀落到了帽檐上，让他得保性命。此后，毡帽流行了好一阵子。

◎裸国穿什么

大禹的时候，大禹到裸国去，想让裸国归附。

他来到裸国后，见裸国人什么都不穿，全都一丝不挂。他明白了，裸国的服饰就是不穿服饰。

于是，他自己便也遵守裸国礼法，也把衣服脱光了。

这样一来，裸国人就不把他视为异端了，很容易地接受了他。他就此妥善地处理了与裸国的关系。

扶南国，处于热带，国人穿衣服时，也是半裸的。他们上身裸露，下面用衣服稍微遮掩一下。他们之所以裸露身体，一是因为天热，二是因为生产力落后，服饰发展也落后，想穿也没的穿。

越国人倒不裸体，但是，他们不戴帽子，连鞋子也不穿。

这也是越国的风俗。

有一年，越王勾践派使者廉稽访问楚国。廉稽到了楚

◀传统的中原右衽汉服

国后，楚国的官员蔑视他，认为越国落后、偏僻。

廉稽看出了楚国人的心思，对楚国官员说："越国的地理位置很特殊，处于江河湖泊旁，越国人需要常与水中动物打交道。所以，越国人文了身，剪了头发，没有戴帽子的习惯。现在，我来到楚国，你们一定要我戴着帽子才能见楚王，那么，请问，如果你们到我们的国家出使，也要文身、剪发，才能见我们越王吗？你们觉得这样做合适吗？"

廉稽的话，传到楚王耳中，楚王大受震动，马上穿上礼服接见廉稽。

这说明，服饰文化中，具有入乡随俗的特性。

在古代，尊重服饰文化的人，也会受到他人的尊重。楚国人钟仪就是其中之一。

楚国与晋国发生战争后，楚国战败，钟仪被晋国人俘虏了。

钟仪被关押了两年，没有一天摘掉冠帽。有一天，一个晋国官员视察军用仓库，看到钟仪，便问，戴帽子的那个人是谁？旁边的人回答，是楚国俘虏钟仪。

这个官员深受触动，将此事告诉给晋国执政范文子。

范文子也受到感染。他夸赞钟仪，囚禁两年之久，始终不脱冠，不改变自己国家的风俗，这是不忘本的行为，堪称真正的君子。

范文子便去劝告晋国国君，说像钟仪这样的人，一直不肯背弃自己的祖国，不忘记忠诚，也没有怨恨，他将来一定会有大作为，若放他回去，他必然会协调好楚国与晋国的关系。

晋国国君听从了，对钟仪加以厚待，让钟仪回到楚国，主持两国的和谈。

在中原，服饰风格，是右衽。衽是指衣襟，右衽，是指上衣的样式，为交领斜襟，向右掩。它的意思是，人在

▲白玉螭龙纹带扣

▲白玉螭虎纹龙首带钩扣

▲螭纹玉带钩

◀精致的花鸟纹玉带

世时，解衣带要用右手；人去世后，不用解衣带了，便把衣襟改为向左掩。

在夷族，服饰风格，是左衽。

管仲为了遏制夷人扩张，巩固汉人的统治，努力倡导右衽。由于服饰文化是一个民族存在的标志，因此，孔子称赞管仲，如果没有管仲，华夏族就被夷人分化了，自己也将夷化，变成散发左衽了。

🕮 扩展阅读 🕮

元朝男服上，所系腰带有玉带、犀带、金带等；衣服上还佩有钞袋、镜袋、手帕等。一些饰物的设计，已经具有现代饰物的影子，如"鬼眼睛"，就类似现在的风镜。

◎穿衣服的规矩

吴起是战国的著名军事家，他也是孔子的再传弟子。

一日，吴起取来一根丝带，递给他的妻子。他让妻子按照这条丝带，织出一条一模一样的来。

妻子勤奋地织起来，不久，丝带织成了，异常精美，可见用心之深。

她开心地拿给吴起看。谁知，吴起大怒，气愤地呵斥道："让你织出一样的丝带，你却把它织得这样美，为什么要这样？"

妻子不理解，很委屈，说："用的材料是一样，只是花了更多心血和功夫，才使它精美的。"

吴起更加生气了，指斥妻子违背了他的意愿，让妻子穿戴好，回娘家去。

吴起就这样休妻了。

他的岳父很疑惑，又有伤体面，赶紧跑来见吴起，让

▼红四合云纹缎绣十二章衮服

吴起把妻子接回去。

吴起拒绝了，说："我的家里，不能有不实行的空话。"

这件事被认为是小题大做，但也得到许多人的赞赏。为什么呢？

原因是，吴起身为将领，强调的是令下如山倒，强调专制、权威，强调不折不扣的服从，若不如此，他的军令就无法得到执行，他也无法统帅兵马。他的这种思想，深入骨髓，在他看来，家国同理，因此，当他要求妻子织出同样的带子时，他不强调美感，不强调亲情，不强调爱意，只强调是否精准地执行。他的妻子对此不明白，还格外地费心、费力，织出了更美的带子，但却偏离了吴起的思想，没有服从吴起的吩咐。吴起没能说一不二，自然生气，所以把妻子休了。

▲形态各异的龙，贯穿了整个古代

这是服饰史中有关织绣的一个故事，蕴含着古人独特的思维方式。这个故事，让人联想到服饰里也包含着规矩。

其实，早在原始社会，对服饰的规定就很严明了。

古书上说："黄帝、尧、舜垂衣裳而天下治。"意思是，用衣冠区别人的尊卑，区别人的等级，使人各安其等级，天下才能太平。

到了大禹时，禹崇尚简朴，可是，每逢祭祀，他还是要穿黼冕——一种华美的礼服，以示对神灵的尊崇。

等到夏朝建立后，上衣下裳的形制，已经形成；颜色也得到了确定，即上衣为玄色，下裳为黄色；章服也出现了。

章服，就是冕服十二章。十二章的纹样，有日、月、星辰、山、龙、华虫、作会、宗彝、藻、火、粉米、黼黻，大都是部落的图腾崇拜。

十二章纹，不是随便用的，只有皇帝才能用。大臣们要根据自己的级别，递减纹样的使用。

就这样，十二章纹，成了权力的代名词，成了王权的

▶十二章衮服局部，带饰极为
精致

代名词。

至此，服饰与礼仪、官制结合，成为一种彰显秩序的
符号。

到了周朝，衣冠制度更加完整了。朝廷还设立了一个
新的官职，叫做"司服"，专门规范服饰；还设立了另一个
有意思的官职，叫做"染人"，专门规范各级官位的服饰
颜色。

朱和紫，原本来自一种颜色，但也有"贵"有"贱"。
孔子说："恶紫之夺朱也。"把朱视为正色，把紫视为杂色。
朱代表正统，紫则代表异端。

秦汉时的巾帻，也有严格的规定：庶民所戴为黑色，
车夫所戴为红色，服丧者所戴为白色，轿夫所戴为黄色，
厨人所戴为绿色，官奴、农人所戴为青色。

魏晋后，衣冠制度细化了。皇帝在不同的场合，都换
不同的衣冠，每天，光是更衣，就忙得不可开交。皇后也
是一样，"以蚕衣为朝服"。

王公贵族就不用这么费事了，他们"服无定色，冠缀
紫襟，襟以缯为之"。

但是，八品以下的官员要非常注意，他们不准穿罗、
纨、绮等。对于这些高级的丝绸织物，他们只能眼巴巴地

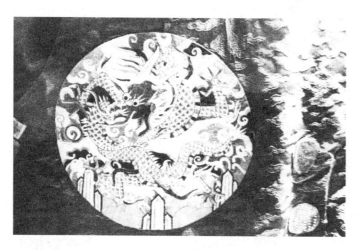

◄十二章衮服局部，龙纹代表一种图腾

看着、艳羡着。

南朝有个人，名叫刘袭，在郢州当刺史。郢州很热，酷暑难当，他日夜难受，好像被烘在火炉里的一个蛋糕。有一天，他在州衙处理事务，实在热得受不了了，干脆把公服剥了，"暑月露裈上听事"。也就是说，他只穿着一个贴身的短裤，就在众目睽睽下办公了。

威严的刺史大人，竟然穿着短裤去决断州事，形象显然不大好看。当然，这也罪不至死，他也不会因此而丢官。可是，这终究为多数人所诟病，巴巴地把这件事记到了史书中，愤恨地批评他"庸鄙"。

在古人看来，官员的公服，就是执行公务的制服，再热也不能脱，再冷也不能在外面罩上别的衣服。

唐朝时，衣冠制度被正式确立。

扩展阅读

新石器时代流行颈饰。有两具出土的人体上，共戴有1 830颗骨珠，其中一人的颈部绕5圈，有1 000多颗骨珠。珠径为0.2～0.37厘米，孔径为0.1～0.15厘米，分外精细。

◎鞋从何来

　　10万年前，有个远古人在觅食时，被荆棘刺伤了脚，鲜血直冒。他想，是不是可以在脚上套个东西，避免脚受到伤害呢？

　　他这样想着，便就地取材，将打猎时剩下的动物皮制成一个套子，套在了脚上。他再一走路，既不硌脚，也不会伤脚；由于动物皮很坚韧，还很保暖。

　　他高兴坏了，向部落成员推荐，于是，这种简陋的套子就盛行了。

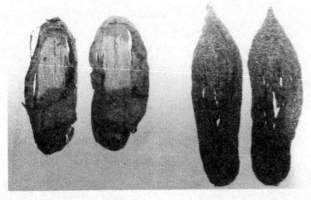

▲春秋战国时的鞋子残片

　　这就是鞋子的雏形。

　　早期的鞋子，相当于草鞋，用几根绳子沿着经纬度编制而成。后来，出现了鞋底，有了单底鞋和双底鞋。单底鞋称为"履"，双底鞋称为"舄"。双底鞋是在单底鞋下面加上木屐，目的是防止鞋子被露水打湿。

　　周朝规定，皇帝要穿红色的双底鞋，鞋子颜色要与服色相匹配；打猎时，要穿白色的鞋子；祭祀时，要穿黑色的鞋子。

　　至于贵族，平常要穿单底鞋；逢有喜庆之事，才能穿双底鞋。

　　至于平民，只许穿单底鞋。

　　鞋子很重要，但仍被视为低贱物，在进入房间时，必须要先脱掉；如果有很多人一起去做客，只有年纪最长的人才能将鞋子脱在室内，其他人都得把鞋子脱到室外；如果去拜访别人，看到人家门口有两双鞋子，表明屋里已经

▲汉朝的青丝履

有两个人，要提前打招呼，听到里面的人高声应话才能进，还要把鞋脱在门口的石阶下；等出来时，要采取蹲跪的穿鞋姿势。否则，就是不合礼仪。

古人都是席地而坐，晚上也睡在地上，所以，脱鞋是必不可少的；人多时，也不能踩别人的鞋子，这样代表不尊敬。

战国时，"履"成了鞋子的通称。

秦汉时流行方口鞋，鞋尖有个翘起的方头。这是因为，古人穿着宽大袍子，走起路来不方便，鞋子前头的方口翘起，可以让袍脚放到里面，走起路来就不碍事了；另外，有了这个方头的翘起，即便走路不小心，碰到小石子什么的，脚也不会受伤，鞋也耐穿。

男鞋多用革或粗麻制成；女鞋多用丝织品制成；男鞋前面是方头，女鞋前面是圆头。总之，女鞋更柔软、更灵巧。

魏晋南北朝时，政权众多，皇帝也众多。这些皇帝们，都非常糜烂奢侈。有一个皇帝为宠妃特别设计了一双鞋，遍镶稀世珠宝，价值千万钱，称为"宝履"。脚下踩着这样的鞋子，心里的感受真不是一般人所能揣测到的。

扩展阅读

西汉人刘玄自立为皇帝，放任将士们穿女子绣衣。大臣们见之，深觉不妥，认为男扮女装，国不久矣，便纷纷潜逃离去。刘玄终败。这是服饰对人心的影响，其程度甚深。

◎深衣：古代的连衣裙

孟母三迁的故事，至今仍为经典。孟子之所以名垂青史，与其母的言传身教密切相关。这位母亲，不仅有涵养，有知识，而且，很明辨。

孟子娶妻后，一日归家，见妻子一个人在屋里，样子很随便，又开双腿蹲在地上。孟子深觉不雅，大为光火。

转过身，孟子去见母亲，气冲冲地指责妻子，如此不守妇道，不遵礼仪，干脆把她休掉吧。

孟母疑惑，问道："是什么原因如此生气，还要休妻？"

孟子说："她叉着腿蹲在地上。"

孟母问："你怎么知道呢？"

孟子说："我亲眼看见的呀。"

孟母说："这怎么能怨别人不讲礼仪呢？恰恰是你自己不遵守礼仪呀。礼经上讲，当一个人要进屋时，要事先问屋里是不是有人、有谁在屋里，然后才能进去；当一个人

▶帛画中，贵妇穿着绕膝曲裾

从外面进入大厅时，要事先大声通报，让里面的人知道，做好准备，然后才能进去；当一个人进屋后，要把眼睛往下看，以便让屋里的人有充分的准备，不忙中出乱。现在，你进入你妻子休息的屋里去，事先并没有高声通报，你妻子自然没有准备，表现出随意的样子，这是正常的。所以，是你不遵守礼仪，怨不得你的妻子。"

孟子听了，颇为羞愧，再也不提休妻的事了。

孟子的妻子由于姿势不雅，没有使身体深藏不露，差点儿被休。这从一个侧面反映出衣服蔽体的重要性。倘或，她穿了深衣，就不会有这种麻烦了。

深衣，是一种上衣和下裳连在一起的衣服，类似连衣裙。它是分开裁剪的，但却上下缝合，可以严实地包裹住身体，不让身体暴露，堪称"被体深邃"，非常严谨庄重。

楚国的深衣最为美观。它的下裳，比较肥大；上衣向后包裹，缠绕在下裳里面。如此一横一斜，互相弥补，亦动亦静，不仅蔽体，还很灵动，美意无穷。

穿深衣时，将前襟挽成三角形，绕到身后，去打个蝴蝶结。模样很优雅，就像现今的燕尾服。

▲彩陶俑，身穿3重深衣

深衣轻、薄，为了使它缠在身上很平整，还用棉织物缝边，边上还绣上云纹。走动时，显得特别飘逸。

春秋战国时，内衣还不完善，为了防止"春光泄漏"，还出现了"曲裾"深衣。

曲裾，是依靠挽出层层皱褶来遮挡身体。

曲裾深衣，男女都可以穿。只不过，男子曲裾较短，只在背后稍挽一层，下裳很肥大，便于快步行走；女子曲裾较长，在背后层层绕挽，下裳很紧仄，拖曳于地，尽显体态的轻盈、婀娜。女子曲裾的领口，还比较低，能够露出里面的亵衣，平添了妩媚。

到了秦汉，有了内衣，有了裤裆，曲裾变得没有必要了，不用再绕到背后挽起来了，直接在前面交叉垂直就行了。

这就是直裾，叫"襜褕"，也是袍的前身。

襜褕很短，是常服，不能在正式场合穿。有一次，大臣田恬在上朝时，就穿了襜褕，没穿朝服。他像个轻盈的小马似的，踢踢踏踏地出现在皇帝面前。大臣们瞪着眼瞅他，就如瞅怪物。结果，皇帝看着来气，把他免了官。

襜褕问世了，曲裾并未消亡。它因其婀娜，依然备受青睐。汉朝女子不追求纤纤细腰，她们穿着的曲裾，都是从腋下直下，至大腿部位，然后层层叠叠。虽然这样的衣服，行走相对困难，但却很好看。

汉朝女子的衣服，往往要在脖子处堆起来，一直堆到头，把脖颈深深地埋藏住，以免暴露。宫廷女子及贵族女子因身份高贵，都要这样穿戴。虽然很得体，但也抹杀了自然的人体美。

> ### 扩展阅读
>
> 雨丝锦，是著名的古代织物。它用"经浮点"的变化，形成一条一条的彩条；彩条又宽又窄，渐粗渐细，逐步过渡，俨若雨丝；"雨丝"上，又配有花纹，异常美丽。

◎衣服是干啥用的

衣食住行，人所必需。其中，衣又作为第一要素，更受重视。

庄子是战国人，有一次，他去楚国。途中，他见到一个骷髅。晚上，他睡觉后，就梦见了这个骷髅。

骷髅来找他，请他帮助脱离苦海。他不忍心，答应了，去请司命大神，给骷髅还魂。司命大神也很好心，也答应了，轻摇一鞭，骷髅不见了，从地上跳起了一个30多岁的赤身裸体的男子。

这个男子揉了揉眼睛，以为自己在路边睡着了，刚醒过来。他抬头看到庄子，热心地和庄子打招呼。庄子走到他跟前，佯作不知，问他怎么了。他说刚睡醒。

随后，他发现，自己随身携带的包裹和伞都不见了。他惊讶不已，啊啊地叫着。

接着，他又注意到，自己竟然一丝不挂地站在那里。他连忙蹲了下去，嘴里更加不停地叫唤，发出了更多的"啊"。

比起包裹和伞，衣服对于这个男子来说，才是最重要的，才是首要的问题。这并不是因为天气寒冷，而是因为人类的基本情感需要——他觉得害羞，急需衣物蔽体。

在遥远的人类源头，是没人穿衣服的。后来，首领帝王们下了命令，人类才穿上了衣服。衣服最主要的作用，就是为了遮羞。这是服饰起源的基础。

墨子是战国时最推崇实用性的哲学家。他对服饰的看法也很实在。

▼战国云纹绣衣，既保暖，又美丽

在他看来，衣服是保暖用的，如果人都冻死了，衣服华丽与否没什么用。

禽子是墨子的学生，他向墨子发问："你自己若有好看的绫罗绸缎，你会穿用吗？"

墨子说："不会，这并不是我所喜爱的。"

墨子又反问禽子："如果现在闹饥荒，有人送给你很多珍宝，并不许你卖掉；同时，也有人送给你很多粟。这时，你只能在二者中选其一，你会如何选择？"

禽子脱口而出："闹饥荒呀，我自然要选择粟啊。"

墨子要求禽子在粮食和珠宝之间进行选择，哪个有用，哪个没用，从而将衣服的实用性放在了第一位，将人类对美的追求放到了最末一位。这看起来，好像是正确的，条理也很清楚，其实是一个诡辩。因为墨子设置了一个特殊的前提条件——饥荒年。他用饥荒这个前提，禁锢了人的选择，使人无法肆意去追求美。

这是一种以偏概全的理论，大大抹杀了服饰的作用，扼杀了精神上的愉悦。

墨子关于服饰文化的探讨，非常之多。有一天，有一个学者来见他，说君子必须说正统的古话，穿正统的古衣，这样才能表明仁德。

墨子不同意。他的看法是，古话与古衣，都是现在的感觉，周朝距离现在不久远，它们在周朝还是一些流行词，一些时尚服，难道周朝人穿着这些衣服，就不是君子了吗？他们依然是君子啊。

公孟子听到后，不赞成墨子的说法。他也坚信，服饰可彰显德行，可修正、促进德行。

墨子便对公孟子说，商纣王是暴虐的人，箕子、微子是圣贤，他们却都在说古代的语言，他们在仁德方面的差异却非常之大；周公是圣人，关叔是暴徒，他们穿的都是古衣，说的也都是古话，德行却全然不同；可见，一个人

有没有仁德，并不在于是否穿古衣说古话，而在于内心的
修养够不够。

公孟子不服气，有一日特来拜访墨子，准备辩论辩论。

公孟子头戴礼帽，手执笏板，打扮得非常儒雅。他一
见墨子，就问道："君子是穿戴好了才会有所成就还是先有
成就再来讲究穿着呢？"

墨子毫不犹豫，很干脆地回答："有没有成就，跟穿着
没多大关系。"

公孟子被噎了一下，顿了顿，他又问："你怎么知道
没有？"

墨子滔滔道来。他说："齐桓公很有作为吧？他的穿着
打扮也一向很讲究，他经常头戴高帽子，腰系大带子，佩
戴着金剑和木盾，这是他作为国君的符号；再看晋文公，
他穿着粗布衣，披着乱糟糟的羊皮袄，腰挂佩剑，虽然模
样差了点儿，可人家把国家治理得很好；再看楚庄王，他
好美，整日戴着鲜艳的桂冠，冠下还系着丝带，还穿着大
红袍子，姿容夺人眼球，国家也很昌盛；至于越王勾践，
他就显得很野性了，他不仅剪掉了长发，还进行了文身，
可是，即使如此另类，他依旧将国家治理得井井有条。这
4位国君，穿戴打扮有很大差异，但无论他们穿什么，都
是治国的能手。所以，一个人有没有作为，并不在于他穿
什么衣服。"

公孟子沉思片刻，说道："此言很有道理。"

墨子将服饰与人的作为区分开来，他的分析合乎逻辑，
有一定道理。

公孟子后来想放下笏板，换件衣服，再来相谈，被墨
子制止了。墨子认为，无须这样，随意便好。这显示出墨
子博大的胸怀，更体现出了，一个人的胸襟不在于外表，
更不在于服饰。

法家韩非子，也与墨子有一样的观点。

韩非子觉得，服饰最主要的作用，是为了满足生存的需要。

他打了一个比方，有一个玉卮，但没有底，不可以装水；有一片瓦，虽然残破，但不漏水，可以盛酒。玉卮价值连城，瓦却很微贱，但玉卮没用，瓦却有用。

这个巧妙的比喻说明，美固然重要，但比起实用性，它显得奢侈，是无用的。

很多哲学家都这样看。他们还觉得，衣服最根本的作用是取暖。上古时，人类栖身洞穴，只穿动物的毛皮，没什么穿衣规则。后来，发明了丝麻衣服，并染制出了花鸟一样的颜色，艳丽起来了。原始人还效仿鸟兽的冠、角等，也佩戴起花草，以至于冠冕来。也就是说，在实用的前提下，慢慢地追求了美。

可见，衣服的基本功能，是实用性，之后，才发展起美来。

衣服的保暖性，的确很重要。它事关人的存活。

▼汉朝秋衣，极具现代感

▼龙凤纹大串花绣绢棉衣，冬天时穿

有一个国士，名叫戒夷。有一天，他从齐国到鲁国去，由于路途耽搁，等他到达鲁国时，城门已经关闭。他没有办法，只好带着一个弟子露宿在城门外。

天气寒冷，他们冻得瑟瑟发抖。

戒夷对弟子说："若你把衣服借给我穿，我就不会死了。若我把衣服借给你穿，我就会死去。我是一国之士，对国家很有用，死了可惜。你却不一样，你没有什么才能，死了也没有什么惋惜的。所以，你把衣服借给我穿吧。"

弟子铿锵答道："一个没有才能也没有仁德的人，怎么可能把衣服借给一个国士穿呢？"

戒夷哑然。

他沉默了一会儿，把自己的衣服脱下来，给他的弟子穿上。

到了半夜时分，严寒沁骨，戒夷就这样冻死了。

戒夷很有才能，他也很仁德。他知道，衣服在此时很重要，很实用，但这里面也蕴含着一定的伦理性。而他最终选择了伦理性，放弃了实用性，将衣服给了弟子，以自己的死亡，保全了弟子的性命。

除了实用性，装饰性也导致了服饰的起源。

这还要从远古说起。

在原始部落里，人人平等——个个一丝不挂，裸露着身体。天冷时，他们就猫到洞穴深处，或坐在火堆旁，不靠衣服保暖。所以，他们开始穿衣服时，并不是为了保暖，而是为了装饰。他们也并不是为了遮挡身体的隐秘部位，而是为了增加特殊的美感，来吸引异性的眼光。

这时候的服饰，有挑逗意义。

关于这一点，古代学者们争得面红耳赤。有一个学者坚持此说。他打了个比方，说如果让两个著名的美人——毛嫱和西施脱去华裳，穿上腐烂的老鼠皮，肩上披着豹皮，腰上缠着死蛇皮，那么，她们长得再美，也会让人避而远之。

到了汉朝创立时，有一个叫韩婴的人，他提出了一个类似的看法。他说，衣服和容貌一样，都是为了取悦人。

韩婴的观点，强化了衣服的另一重意义：美观的功用。

史学家班固也很关注服饰史，他是这样说的：上衣有御寒防晒的作用；下裳主要是为了遮盖羞耻部位；其次，才是美感的体现。

真不愧是史学家，实在太善于总结了。

扩展阅读

元朝法律规定，小官与小民只许穿棕褐色等暗色衣服。民众在禁令中竟发明出了20~30种褐色，如秋茶褐、酱茶褐、鹰背褐、豆青褐、葱白褐、枯竹褐、迎霜褐、藕丝褐、茶绿褐、葡萄褐等。

◎从敌国引进胡服

秦国强盛，试图吞并其他诸侯国。赵武灵王为化解危机，绞尽脑汁，冥思苦想。

赵国的边境，紧邻游牧民族；赵国的境内，也有许多少数民族。他们与中原人不同，平常都穿着短衣短裤，行动灵活，可自如骑射。赵武灵王在与他们接触后，突然受到启发，何不改穿胡服呢？

赵武灵王很高兴。

这天，他把大臣楼缓召来，分析国家局势。

他说，赵国东有齐国、中山国，北有燕国、东胡，西有秦国、韩国、楼烦，处于一个包围圈中；如果赵国不实行改革，只能坐以待毙；若要改革，就要从服装做起，中原的服装过于烦琐，不方便行军打仗，在家干活也会受到干扰，而胡人的衣服样式就特别好，短小精悍，脚踏皮靴，特别方便，若让赵国人改穿胡服，不是也会方便很多吗？

楼缓听了，点头赞同，说道，不仅应学习胡人的穿着，

◀《胡人射猎图》显示了胡服的特征：短衣，窄袖，着靴

还应学习胡人打仗的本事，这样国家才会越来越强大。

赵武灵王一听，对呀，赵国现在赴战全靠步行，或乘战车，骑射技术很差，如果改穿胡服，改学胡人骑射，就会化被动为主动了。

然而，其他大臣们却坚决反对。

赵武灵王很头疼，他把托孤重臣肥义召来，问肥义是否有好的建议。

肥义坚定地说，古往今来，凡成大事者，必不拘小节，最忌犹豫不决，如果国君认为这样做是对的，那就大胆改革，管那么多干什么！

这干脆的回答，让赵武灵王心花怒放。

赵武灵王打定了主意，安慰自己道，嘲笑我的人，都是没有智慧的人；明白事理的人，都会理解我。

第二天，一大早，赵武灵王以身作则，自己先穿上了胡人的衣服。大臣们一看，吓了一跳，觉得他不伦不类，像个小丑，但毫无办法。

赵武灵王下令，要改穿胡服。

很多大臣们不能接受，觉得有违祖制，而且，向蛮夷学习，也太失体面。

最顽固、也最有影响力的人，是皇帝的叔叔。他思想古板，坚决不赞同，开始在家装病。

赵武灵王受到了极大的阻力。

然而，他是一位有为之君，很有魄力，不肯退缩。

他想了想，亲自去叔叔家，苦口婆心地劝说。他像一位老婆婆一样，耐心地告诉叔叔，胡人短装和骑射的好处。

他由浅入深、由小到大地絮叨，总算把叔叔劝过来了。

赵武灵王很高兴，立刻放赏，赐给了叔叔一套胡服。

群臣看到皇叔都支持赵武灵王了，他们在无奈中，也只好实行胡服改革了。

就这样，赵国上上下下都穿起了胡服。由于胡服确实

比中原服装要方便，很快，人们就没有什么怨言了。

胡服改革，是服饰史上的一个重要里程碑。

在历史上，服饰共经历了4次改革，赵武灵王的引入胡服，是第一次。就是因为这次成功的改革，赵国成为了"七雄"之一。

第二次服饰改革，发生在魏晋隋唐时。它的意义，更为重大，体现了南北文化交流、中西文化交流。期间，裤褶（上衣下裤）流行了，裲裆（小背心）出现了。在唐朝都城，"长安中少年有胡心矣"。女子更有胡心，几乎都以穿胡服为美，个个簪着步摇，个个都是衿袖窄小。

第三次服饰改革，发生在距今300多年前。国中旗袍马褂开始风行。

第四次服饰改革，发生在民国时。民众被要求学习西洋人的穿着。

在4次变革中，前两次都与胡服有关。可见，服饰发展不可避免地要受到外族的影响。

历史上有名的汉灵帝，也喜欢胡服。不过，他不像赵武灵王那样明智。他很盲目，有些偏执，对外来文化照单全收，无分好坏。赵武灵王是利用胡服的优点，来弥补自身的不足；而汉灵帝则是稀里糊涂地崇媚，但凡带有"胡"字的，无论是胡帐、胡床、胡椅，还是胡箜篌、胡笛、胡舞，或是胡饭，他都倾慕。

因此，世人皆赞赵武灵王，而批评汉灵帝为"服妖"。

胡服渗入中原文化后，深远地影响了汉人服饰。

扩展阅读

庄姜是卫国国君的夫人，《诗经》中称她"衣锦褧衣"。褧，是指单布罩衫。庄姜在锦衣外罩上褧，掩饰奢华，不招摇，不炫耀。身为贵族女子，她能如此，颇有教养。

◎丝是树上生的吗

桑树很普通，但在春秋战国时，它并不普通。古人甚至因为桑树而发动了战争。

吴国边境上，有一个小地方，叫卑梁。卑梁的旁边，是楚国的领土，叫钟离。有一天，吴国的一个女子和楚国的一个女子都到边境采桑叶。

刚开始，两人之间隔着一定的距离。后来，她们采着采着，就来到了一棵很大的树旁。她们面对着同一棵桑树，都想采这棵树上的叶子，互不相让，便发生了激烈的争执。

两个人发生口角，都说这棵桑树是自己国家的，对方不能靠近。

口角越来越激烈，她们各自的乡人聚拢过来，打斗起来。由于是械斗，边境上的居民死伤不少。

▼壁画上的于阗王与王后，身上穿着绚烂的丝绸

楚平王听说后，颇为愤怒。他派出大军，前去攻打吴国。

吴国不甘示弱，也带兵去打。

这样一来，为了一棵小小的桑树，双方都损兵折将，耗费巨大。此事也被记载到了史书中。

那么，吴国和楚国为什么要为桑树而大动干戈呢？

原因是，桑叶是蚕的天然食物，而蚕所吐出来的丝可以制丝绸衣服。

说到底，这场战争，还是衣服惹的祸。

丝绸，在3 000多年前，就出现了。郑国女子的丝绸装，非常著名。她们穿着细布上衣，膝下露出麻布和白绢制成

的裙子，身后拖曳着薄雾一样的丝绸。衣裙翩飞，曼妙无比，别样轻盈。衣裙摩擦时，发出细微的窸窣声，惹人心醉。她们的发上，还有翡翠羽毛。整个服饰，俨若仙子。

丝绸还传播到了海外，外国人把丝绸称为"绮"。古希腊的女神雕像上，都穿着透明的丝绸。

他们惊叹于绮的美丽，仰慕东方的服饰文化，这也是外国人认识中国的第一印象。

古罗马征服了古希腊后，也对丝绸一见钟情。古罗马人不明白丝是怎么出来的。他们以为，丝是长在树上的。

按照一个古罗马博物学家的记载，中国的丝都长在树上，一条一条的，非常长非常细密，从树上采摘下来后，将它们捋顺，就能织成上好的锦缎了。

罗马帝国的贵妇人穿着丝绸衣服，耀眼无比，成为时尚。丝绸衣服穿在身上很舒服，可是，它很轻薄，很透明，很难遮住身体。一些妇人的胴体，若隐若现。就连凯撒大帝，也穿着丝绸衣服在公开场合露面，隐约能看见他的肚脐眼。贵族们纷纷效仿，也都露着肚脐眼。

一些保守的人，非常不满意，斥责妇人们不检点，说她们穿丝绸就是为了接待情人。

丝绸的流行，在古罗马还掀起了另一股危险的风潮。

由于丝绸原本非常昂贵，加之还要不远万里地运送到罗马，价格又翻了数番，比黄金还要贵重，是顶级的奢侈品。罗马帝国为了进口丝绸，把大量的黄金输入了中国。这引起了罗马学者的不满。

一些哲学家摇旗呐喊，说这是不对等的贸易，如此下去，罗马帝国就会衰退。

▼春秋战国时的楚国刺绣织物

罗马政府也恐慌起来，赶紧颁布禁令。可是，禁令下达了多次，依然阻挡不了购买丝绸的热潮。

为了节约成本，罗马帝国想从中国得到养蚕制丝的技术。一些传教士打着传教的旗号前往中国偷学技术。罗马皇帝还郑重地许诺，哪位传教士偷技成功，就会得到重赏。结果，有一个传教士很执著，不辞劳苦地跋涉到中国的于阗，终于弄到了桑种和蚕种。

扩展阅读

齐国出产的轻纱，鲁国出产的云罗，卫国出产的锦缎，以轻薄透明著称，都先后传播到海外，闻名世界。尤其是卫国锦缎，高贵华丽，是提花织物，深得名士之心。

◎脱不下来的衣服

在遥远的远古，有一个古老的民族，生活在海南岛上。它被称为雕题国。

"雕题国"这个名字，其实是汉人对古越人的称呼。

古越人在海岛上日出而作日落而息。不知什么时候开始，他们学会了绘画。画作不是画在纸上，也不是画在岩石上，而是画在身上，有的人甚至浑身都画满了图案。

最初，他们将身体画成鳞甲的样子。后来，又将龙蛇的形象画于身上、手上、脸上。龙蛇是他们的图腾，他们将图腾以绘画的形式表现了出来。既肃穆威严，又蕴含着礼仪制度。

中原人在6 000年前，就开始在脸上"作画"。比如，半坡人就在脸上画了鱼纹。当时的婚俗很杂乱，为了吸引异性，他们在身上或脸上画上了自己喜爱或异性喜欢的图案。这个时候的鱼纹，还只是一种装饰，并无图腾意识。不过，它促进了图腾的确立。

最特殊的文身，是吴越文身。最早的文身，也包括吴越文身。

商末周初的时候，吴国国君仲雍不仅剪掉了头发，还在身上文上了鱼龙的图案，使自己看上去既威严又令人敬畏。

鱼龙图纹的流行，主要与当时出海捕鱼和图腾崇拜有关。吴越人临江而居，依靠捕鱼为生。为了能够在水下安全捕捞、躲避水神的侵袭、保护自己不受伤害，便在身上纹以特殊的图案。

这一时期的中原，儒学已经萌芽，对剪发和文身都是大加排斥的。儒学理论认为，身体发肤受之父母，若私自剪掉或刻画，便是不敬。

▲冕的侧面，庄重大气

▲帝王冠冕，皇权的象征

吴越人不管这些，地区不同，文化观念也不同，他们照旧我行我素。

除了文身，他们还染了黑齿。也就是用一种草，将牙齿染黑。如果国君不将白白的牙齿染成黑色，民众就不信服他。

在古西域，一些民族也往身体上画画。有时候，不管男女老少，他们在一天之中，就会变换多个图纹。

随着他们的绘画的变化多端，他们的群体图腾，分裂为多种图腾。其中，有个人图腾，有家族图腾，有部落图腾，有部落联盟图腾。图腾的种类以及画法，不断地更新、替换。

吐蕃族也嗜好文身。吐蕃王松赞干布在迎娶文成公主时，看到中原的服饰这样漂亮，非常羡慕。他再看看自己的服饰，觉得羞愧难当。文成公主也很惊讶，尤其是，当她看到吐蕃人的脸上都画着赭色的图案时，非常反感、厌恶。松赞干布在自惭形秽后，下令改穿中原服饰，再也不许文身。

吐蕃的文身，已经很怪异了。而蒙古族的图腾，又别是一番惊人。

蒙古人用黄粉涂在自己的额头上，还用狼粪抹脸。这种味道，弥漫在微风中，飘散在草原上。

他们为什么不用香料或其他植物文身呢？为什么要选择黄粉呢？

文身、文面，与祖先崇拜、图腾崇拜，紧密地联系在

一起。这是一种特殊的文化现象。

文身覆盖在脸上，覆盖在身上，仿佛一层脱不掉的衣服，神秘而离奇。

文身显得有些野蛮，但却是历史发展的必然，它是古人出于安全心理而诞生的。古人的生存环境恶劣，随时都可能遭遇危险，他们根据当时的情况绘制出图腾形象，在心理上获得了一种安全感，得到了安慰和强大的精神力量。

其实，现代人的服饰也蕴含着安全感。譬如消防衣、防弹衣、工作服等。这是原始集体无意识的沉淀，是对远古思想的传承。

扩展阅读

周朝礼冠中，冕最尊贵，外为黑色，内为朱红色。冕的缨上，穿有玉珠，叫旒。周天子的冕有12旒，诸侯有9旒，上大夫有7旒，下大夫有5旒，显示了等级差别。

◎原始涂色笔

大约5 000年前，仰韶的原始人，遇到了一个问题，让他们陷入了沉思。

是什么问题呢？他们在沉思什么呢？

原来，他们的生活里只有黑白两种颜色，这两种色彩太单调乏味，他们想增加一些色彩，做些好看的画。但是，怎么才能涂画，才能使色彩多种多样呢？

他们冥思苦想，终于想出一个办法。

他们找来一些石头，予以研磨。石头被磨成了梯形。他们又将梯形的中间挖空，分为两格，形成小巧的研磨盘。这个精致的研磨盘，非常好看，它的用途是：研磨颜料。

有了工具，他们又找来一些植物，绞出植物的汁液，制成块状物。他们的知识有限，块状物的颜色只有两种：紫色和红色。但这已经很不错了，它代表着早期的涂色工具诞生了。

有了这些发明，原始人受到了鼓舞。他们又去收集鸟的羽毛和动物的毛发，将它们捆扎成束，由此，便衍生出了原始涂色笔的雏形。

他们用这些工具，进行了绘画，为简单的生活增添了乐趣。

随着生产力的提高，染色技术逐渐发展，到了春秋战国时，古人已经能够染出5种色彩了。

这5种色彩，分别是青、赤、白、黑、黄。

慢慢地，从这5种颜色中，又研制出了其他颜色。比如，绀——青里透红；缌——红到发黑。

红色，既指粉红，又指桃红；紫色，则由蓝色和赤色合成。

楚国就是一个染色大国。楚国的绣线，有大约12种神

◀牡丹纹丝织物，涂色绚丽

奇的颜色，比如，红棕、深棕、深红、朱红、橘红、浅黄、金黄、土黄、黄绿、绿黄、钴蓝等。

这12种颜色，多为间色，表明了染色技术的提高。

染色的流行，使得染丝、染羽、染麻、染帛等不断涌现。未染色的原料，叫"生货"；已染色的原料，叫"熟货"。

秦朝崇尚武力，但并不妨碍染色的发展。

秦始皇时，巴蜀有个寡妇，名叫清。清的祖先，在涪陵发现了一个丹砂矿，清利用这里的丹砂，为世界平添了不少色彩。

汉朝的印染，更为前端了。

汉朝人使用了大量植物染料，如茜草、苏枋、红花等。它们可以染红色。尤其是茜草，若反复使用，能使颜色由浅入深，变成深红色；如果将它与其他植物配合，还能得到棕色。

汉朝人还开发了大量矿物染料，如白矾、黄矾、绿矾、皂矾、绛矾、冬灰、石灰等。不过，丹砂本身为大红色，还是最受欢迎的。

汉朝的色彩调配，已经非常成熟。不过，汉朝的色彩，与现代的色彩有一些区别。

汉朝的绿，叫青黄色；缥，是白色；练，是红色；缲，也是红色；缀，也是红色；结，也是红色；缌，也是红色；绛，是大红色；绾，是深红色；缇，是橘红色；紫，是蓝色和红色的合成；绀，是深蓝色、藏青色；缁，是黑色……鸟雀头部的微黑色，叫䖢；白色，叫素；五彩缯，叫缟；细密的五彩纹，叫缛……

橘色布匹的形成，很有意思。用青色丝线做经线，用缥丝作纬线，用两种色调纺织出的丝绸，就成了橘色。

使用什么颜色，都有讲究。若去祭祀死者，要穿白色，显得素气；而身为闺中女子，虽穿白衣，但要佩戴草绿色的巾，显得纯洁，又不那么素气。

唐朝的染色水平，非前朝可比，已至炉火纯青，颜色划分得细之又细。

仅是红色，就分为银红、水红、猩红、绛红、绛紫等。

单是黄色，就分为鹅黄、菊黄、杏黄、金黄、土黄等。

再如青色，又分为蛋青、天青、翠蓝、宝蓝、赤青、藏青等。

还有绿色，又分为葱绿、豆绿、叶绿、果绿、墨绿等。

黑白色虽然单调，但也被分为多种。

唐朝的染料，大部分还是取自于植物，如茜草、红花、苏木、紫草、栀子、柘、菘蓝、槐蓝、蓼蓝、荩草等。

为了萃取植物染料，朝廷还设置了一个机构，叫"少府监织染署"，主要染青、绛、蓝、白、皂、紫六色。还有一个"内廷染坊"，由太监管理，专供皇宫使用。

唐玄宗有个妃子，名叫柳婕妤，她的妹妹特别懂印染技术。有一次，这位妹妹染了一匹漂亮的丝绢，唐玄宗一

看非常喜欢，下令宫中也效仿印染。染色技术在当时是保密的，非常隐秘。但由于这位妹妹的染色出奇地惹人喜欢，还是慢慢地传了出去。就这样，宫廷与民间的染色互相融合、渗透，得到了更大的发展。

明朝时，朝廷的颜料局，掌管着几十种植物，如苏木、栀子、槐花、乌梅、茜草等。

明朝人还发明了一种新技术，利用还原剂和氧化剂，将原有的底色破坏掉，呈现出白色底料，叫"拔白"或"雕白"。

这个发明，将染色技术又提高到一个层次。

康熙和乾隆年间，天蓝色最时尚。乾隆皇帝自己，最喜爱玫瑰紫。后来，绛色受到推崇了，被称为"福色"。

清朝人还根据季节变换，调配衣服的颜色。冬天，他们穿绸，颜色很深；夏天，他们穿纱，颜色变浅，多为棕色、浅灰色、白色、玉色、油绿色等。

扩展阅读

元朝有红、黄、蓝、绿、紫、褐、白、黑等几大色系。这些主色又能变化出若干颜色，如红有大红、小红、肉红；青有粉青、高丽鸦青等；黄有柿黄、柳黄等；绿有柳芳绿等。

第三章
惊世服饰现秦汉

秦朝只存在15年便走向终结。在这样一段稍纵即逝的时间内，服制建设未能完善。受战争影响，其总体风格蓬勃积极，具有严整美、错综美，色彩深沉而热烈。汉朝是中国封建社会的第一个兴盛期，加之丝绸之路的开辟，其服饰华丽无比，精致无双。

◎国色里的名堂

秦国统一天下后，进行了一系列的改革。其中，就有关于服饰颜色的。

秦朝尊崇哪一种颜色呢？

答案是：黑色。

秦始皇以黑为美。黑色，凌驾于一切颜色之上，黑为国色。

在秦朝皇宫中，黑色是主色调。皇室成员的衣服、冠帽、装饰，都以黑为主。就连秦朝的旗帜，也以黑为主。

黑色在秦朝占有举足轻重的地位。

其实，在周朝时，黑色也曾风光过。周朝的大夫们，就齐刷刷地穿黑色朝服。

黑色在历史上雄踞过很长时间，后来，黄色、紫色、红色的地位上升，黑色竞争不过，只得退隐下来，成为一些衙门小吏的制服颜色。达官贵族们把黑色抛弃了，只在官帽中还会用到。

之所以在官帽中使用黑色，是因为古人认为，黑色可以压住全身的颜色，显得更为肃穆。

秦朝立国后，又重新启用了黑色。这倒不是因为黑色

▶图中左侧女子在缝制，右侧女子在纺织，再现了古人的手工作业场景

深重，而是因为黑色在五行中属水，秦在五行中也属水，所以崇黑，以黑禳之。

汉朝时，有个儒学家站出来，提出了三统论，即黑、白、红3种颜色相循环。

意思是，一旦更换朝代，就要有相应的变更，譬如生活习惯，譬如国家制度，譬如服饰颜色等。如此，才是顺应天意，利于兴国。夏朝崇尚黑色，商朝崇尚白色，周朝崇尚红色，各有各的国色，就是此理。

这种观点，有利于维护统治阶级的权威，因此，深受皇帝喜爱。皇帝便郑重地制定了国色。

汉文帝时，以什么颜色为国色，还引发了不小的争论。

一个大臣说，应该使用土地的颜色作为正统，以黄色为主。

丞相张苍不同意。张苍说，汉军打了无数次水战，才得到了天下，汉朝是由水路开创的，应以黑色为主色。

汉文帝很犯难，他不喜欢黄色，也不喜欢黑色，他喜欢红色。

他思来想去，最终，把红色定为国色。

似乎为搞平衡，他又建立了帝王祠堂，是黑色的。

到了汉武帝的时代，又改黄色为主色。

此后的历代，黄色一直很尊贵。尤其是隋朝和唐朝，皇室垄断了这一颜色，几乎把黄色捧到了天上去。

服饰颜色的发展，随着统治阶段的思想而转变。它不单作为颜色来使用，而是含有更多的人文内涵。

扩展阅读

明朝女子多穿长裙、比甲、花鞋。裙子折纹越多越好，以8幅最常见；在重要场合，穿10幅罗裙。比甲是对襟上衣，无袖无领，后长前短，清朝时缩短，名为坎肩、背心。

◎兵马俑的发型

公元前210年，秦始皇病亡。9月，入葬骊山。

骊山的皇陵，由70多万人修建了30多年，里面有防盗的机关、鱼膏脂制成的长明灯，还有100多吨的水银，用以象征河流江海。送葬当日，秦始皇的嫔妃们进入地宫诀别。新皇帝认为，没有生子的嫔妃，应继续陪伴秦始皇。于是，他令工匠堵死出口，把许多女子活埋在地下。

然而，等到工匠们要离开地宫时，新皇帝又认为，工匠洞悉墓中机关，若泄漏出去，可能会有人盗墓。于是，他又令武士将工匠们驱赶到墓中，也都活埋了。

这些被密封于地下的人，被新皇帝当成殉葬。在他看来，他们并不孤单，因为在不远处的一个陪葬墓里，有大堆的"人"在与他们默默相望。只不过，这些"人"不是血肉之躯，而是泥陶。

这便是兵马俑，世界第八大奇迹。

在入土2 000多年后，1974年，陕西临潼骊山的一个村民在打井时，突然挖出一个圆形物——是个人头，眼睛睁着，嘴唇微抿，若有所思。村民吓了一跳，仔细端详后，发现是陶制品，便报告给相关部门。考古人员迅速赶到现场，进行了保护性挖掘。

自此，兵马俑不再沉睡，它们裹挟着千年前的烽烟和气息，来到世人面前。

秦朝是一个像呼哨一样短的朝代，只存在了15年。虽然秦朝在历史上占有重要地位，但由于面貌不很清楚，因此，在以往，中国通史从不单独介绍秦朝，而是把秦汉史作为一个整体来研究。但兵马俑的横空出世，却改变了这种情况，人们把兵马俑作为媒介，可以酣畅淋漓地研考秦朝的政治、军事、艺术等。而关于秦朝的服饰文化，人们

的认识也不再模糊、苍白。

秦朝的男女，大都穿大襟袖袍。唯一的差别就在腰上：男子系结实的革带，女子系纤软的丝带。

襦衣也是一种基本的服式，交领，也很宽大，一件襦衣可包裹两个人。但襦不是袍，襦比袍短。袍的下摆，到达脚背，而长襦的下摆，只到膝盖；短襦的下摆，在膝盖上；腰襦的下摆，几乎齐腰。

双层的长襦，只有级别高的人才能穿。其他人只能穿一层单襦，否则就是犯罪。

由于战争是秦朝的经常的事务，秦朝的甲衣非常先进。甲衣的原料是皮革，上缀青铜片或犀牛皮。步兵穿的铠甲，为前后两片，便于进攻；弩兵穿重铠，便于守城、护身；骑兵穿轻铠，短小、贴身，便于冲锋。

从兵马俑的衣着可以看出，秦朝的男子很爱美。仅是小小的衣领，就有繁多的形状，有三角形、长条形等。衣领内，甚至还有小围巾，极有绅士风度。

裤子也花样翻新，裤腿有喇叭花形的、圆筒冰淇淋形的，还有水波纹形的、几何八角形的。

连接腰带的带钩，更加缤纷、时尚。不仅有蝌蚪形、铁锨形，还有琵琶形、瓢形、十字形等。比起现在的皮带扣、领带夹、别针、胸针等，毫不逊色。

不过，最令人惊叹的是，战争还促进了秦朝美发业的迅猛发展。

兵马俑的发型，极有特色。工匠们采用了模拟写实方法，使每一个人俑，都拥有一个与众不同的发式。

远古时期流传下一个传统，即"身体发肤不可毁伤"。到了秦朝，这种观念依旧根深蒂固，秦朝人对头发的重视，有过之而无不及。一旦有人故意损伤别人的头发，就要接受法律的制裁。

比如，当一个人用剑削去另一个人的发髻时，这就等

▲梳理细致的辫子

于触犯了刑法，将要被判4年徒刑。

再比如，当一个人与另一个人发生争执时，他们由吵骂发展到斗殴，其中一人由于十分愤怒，失去了理智，拔掉另一人的头发，这也不能作为赦免的理由，也要蹲监狱。

只有犯了重罪之人，才被剃光头发。而对于此人来说，这是莫大的悲痛和耻辱。

秦朝人流行蓄长发，但不再是披肩发，不再散着；而是编辫子，绾成发髻，使长发显得规整，容易护理。

发髻基本有两种：圆髻、扁髻。

圆髻最为流行，几乎所有的步兵俑，都梳这种发式。编结时，先从后脑梳一条辫子；再从两鬓梳两条辫子；然后，互相交叉，挽在一起，扎上发绳；最后，在头顶右侧，绾成髻。

发辫交结时，有多种形状，或十字形，或丁字形，或卜字形，或大字形，或一字形，或枝丫形，或倒丁字形等，不一而足。

发辫在绾髻后，还有多种形态，如单髻、双髻、多髻等，变化无穷。

那么，有一个疑问是：秦朝为什么总把圆髻梳在头顶右侧呢？这里面有着怎样特殊的文化含义？

答案是，秦朝尚右。

也就是说，秦朝的文化意识中，以右为尊贵，以左为卑贱。尚右，作为一种审美倾向，渗透着阶级追求、国家思想。

扁髻也很多见，它是军吏俑、骑兵俑等的主要发型。

扁髻贴在脑后，一般由6股辫子挽成。辫子有长形、梯形、方塔形、圆鼓形等。

还有一种扁髻，不编辫子。梳头时，只将头发拢起来，与头顶平齐，然后，再将高出头顶的余发盘成圆锥形。

兵马俑气势磅礴，但每一个人俑的发型，却都非常细

腻，各有区别。工匠们甚至把一丝一发的细微走向，也都缕缕刻画清楚，使发型的魅力更具感染性。

在当下社会，发型师普遍认为，直发的发挥空间小，卷发才能体现时尚元素。然而，远在秦朝的人，没有发明出卷发，兵马俑的头发也都是直发，但却创造出了许多先进的发式。

战争竟促进了美发行业的发展，这大概出乎了秦始皇的意料吧。

秦朝的发式，基本都是为战斗服务的。圆髻和扁髻，都非常齐整、结实，可以避免在征战中每日梳理头发，节省时间，便于冲杀。

圆髻立于头顶，不便于戴冠；扁髻则是为戴冠而设计的。

不过，秦军勇猛，从不戴头盔。另外，头盔也存在较大的危险性，一旦被打扁，会影响视觉，导致目眩、耳鸣、头晕，甚至出现脑震荡、昏迷；有的头盔被打坏后，还脱不下来，因为不透气，人会被活活闷死。兵马俑中，见不到一顶头盔。多数士兵都是盘发挽髻，少数士兵戴麻布头巾，将军戴皮弁。

皮弁，是一种板状牛皮帽。很小，像个倒扣的钵，上面还绘一朵白色的桃形花饰。

秦朝还有鹊尾形的长冠、雉尾形的鹬冠。

秦朝吞并六国、统一天下后，把六国的服饰文化也都吸收过来，形成特有的风貌。比如，把齐国的高山冠，作为使者的专用帽子；把楚国的獬豸冠，作为御史的专用帽子；把赵国的大冠，作为武官的专用帽子；把郑国的建华冠，作为文官的专用帽子……

与兵马俑的发型相得益彰的是胡须。

秦朝人对胡须的珍视，一如对头发，严谨慎重，一丝不苟，颇为讲究。美男子的特征之一，就是留胡须。至于罪犯，除剃发外，还可能被剃须。

因此，在兵马俑的阵容中，各种造型的胡须，比比皆是：有精悍的八字胡，有蓬松的络腮胡，有牛犄角状的翘胡，有三滴水式的山羊胡，还有飘逸的长髯等。

而八字胡中，"八"字两撇的形状又迥然不同，既有下垂式、犄角式，又有箭矢式、板式等。

这些胡须样式，反映了秦朝人对自我的关注，对人性的关注。这是进步的表现，说明人类正在远离神祇崇拜，而开始关注自身现实。

只有一点怪异之处，那就是，有些人俑的下颌中间处的胡须，不约而同地被剔除了。

为什么会这样呢？

如果结合秦朝国情来看，就不难理解了——那是为了在打仗时，方便系帽带。

兵马俑的服饰、造型，体现了成熟的爵位制度。1979年，叶剑英元帅参观兵马俑，注意到不同装束和发髻的兵马俑，爵位也不同。他自语道："我们在秦代就有了军衔，看来没有军衔是不行的。"1988年8月1日，人民解放军正式恢复军衔制度。

回想兵马俑甲衣的胸前或肩部扎着的花结，那或许就是现代军队中肩章的前身。

扩展阅读

在制作兵马俑的指甲时，工匠将指甲"剪"短，露出一点"肌肉"，然后，涂以粉红颜料（朱砂、磷灰石粉混合物），再涂以白颜料。这使指甲整体上呈白色，但又隐约可见指甲下的粉红肌肉，甚是逼真。

◎ 火柴盒大的素纱蝉衣

辛追18岁时，面色红润，柳眉弯弯，眼睛大而有神，鼻子小巧，樱唇点点。她的浑身上下，都散发着灵气。

她是长沙国临湘侯辛夷的女儿，是利苍的妻子。

利苍是汉朝的开国大臣，他多年东征西战，立下了战功。这一年，皇帝封他为长沙国的丞相，他便携妻子辛追及儿子到长沙国去了。

不久，邻国的淮南王叛变。淮南王是长沙王的亲属，利苍以大局为重，劝说长沙王杀了淮南王，一场叛变就此流产。皇帝大悦，以利苍功高，封他为轪侯。

但利苍享受高官厚禄没多久，就去世了。此时的辛追，还未到30岁。

这时候的辛追，遭受了打击，但她没有绝望，而是勇敢地面对这一切，带着儿子生活。

辛追一生中最好的时光，就这样过去了。

然而，当她的儿子30岁时，儿子也因意外离开了人世。

◀辛追墓中出土的绣衣残片

▶辛追的"素纱蝉衣"

辛追悲痛欲绝，脸上表现出了病态，眼角布满了鱼尾纹，肌肤松弛衰懈了。但她仍旧坚强地活着。

在她50岁那年，寿辰之日，许多大臣都来给她庆贺，送给她美丽的服饰，各种礼物。然而，不久，她就因心绞痛而与世长辞了。

辛追的丧礼，非常豪华。她下葬时，穿着华贵的衣服，外面还套着一件薄薄的单衣，还有一件类似的单衣放在随葬品中。

这两件单衣，就是震惊世界的素纱蝉衣。

它的上下，连成一体，与袍有点相似。但又与袍不同，它没有里衬，只是一层薄纱。秦汉时，中原气温较高，穿素纱蝉衣很凉快。

素纱蝉衣轻飘飘的，制作难度异常之大。它的材质，是超薄的平纹纱，抽丝织衣的难度超乎想象，这也是它贵重的原因之一。

辛追墓中的两件素纱蝉衣，为稀世之宝。一件之重，仅有48克；另外一件，也只有49克重。

现代人利用各种高超技术，仿制了一件蚕丝蝉翼纱，尚有51克之重。

素纱蝉衣的用料是纱。纱，是古丝绸中出现得最早的一种。素纱蝉衣的每平方米纱料，仅重15.4克。这是因为纱的旦数小，丝纤度细。在丝织学中，旦，是蚕丝纤度的计量单位，1旦等于1克，1克等于9 000米长的单丝。旦越小，丝纤度就越细，重量就越轻。素纱蝉衣的蚕丝纤度，在10.2~11.3旦之间。现代技术制造出来的丝物，却只能达到14旦。

可见，汉朝的缫纺蚕丝技术已经到了无法超越的高度。

如果除去素纱蝉衣领口、袖子、衣襟旁的绢，那么，一件的重量就只有20多克了。把它说成"薄如蝉翼，轻若烟雾"，一点儿都不为过。

如果把两件素纱蝉衣折叠起来，它们的大小，竟然只有火柴盒那么大，比一个鸡蛋还要轻。而且，无论折叠多少层，就算是多达10层以上，若将报纸垫在最下面，依然可以从上面透视其字迹，足见其薄。

设想辛追穿着如此罕见的素纱蝉衣，既不会遮盖住里面华裳的光芒，还会使整体衣饰更加流光溢彩，情形一定如诗如画。

辛追身高1.6米，素纱蝉衣长1.9米，她在穿着时，拖曳飘然，仿佛行走在云朵上，飘逸至极。

扩展阅读

明朝公服用花区分等级。一品官为5寸大独科花；二品官为3寸小独科花；三品官为2寸无枝叶散花；四品五品官为1.5寸小杂花；六品七品官为1寸小杂花；八品九品官无花。

◎青铜钱包的奥秘

楚国偏居一隅，想把疆土向云南扩张，于是便派将领庄蹻去云南考察。

庄蹻到达云南不久，秦国便占领了巴国和蜀国。这样一来，道路被阻隔，庄蹻和楚国失去了联系。

庄蹻愁闷不已，但既然回不了国，就只好入乡随俗，在云南定居下来。

就这样，庄蹻苦心经营云南，成为了第一代滇王。

在庄蹻入滇之前，云南的青铜文化已发展得如火如荼。庄蹻入滇之后，青铜业更加发达。

到了汉朝，滇国已经非常富庶。

有一年，汉武帝派兵攻打滇国。滇国不敌，归附了汉朝。汉武帝为安抚滇王，授予滇王大印，承认滇王的地位。这一时期，滇国与中原联系紧密，文化互相渗透，滇国的青铜发展更加多彩了。

滇国匠人制造出了贮贝器，用来装贝币。这种青铜钱

▶青铜人俑，挽高髻的古滇人

▶青铜人俑，穿曳地长裙的古滇人

包，设计奇巧，上面精心雕刻着人物、动物，还有一些盛
大场面，如祭祀等。

　　有一个贮贝器上，雕刻的人物竟然多达127个。此外，
还有牛、马、猪等动物。其间，还有干栏式房屋，还有楼
梯，有人在楼梯上行走。场景宏大，叹为观止。

　　贮贝器是滇国文化的反映。上面的人物服饰，体现了
那个时代的特征。

▲精巧的青铜贮贝器

　　人物中，有的人头上挽着椎髻，高高耸立，是当时最
普通的一种梳发方法。有的人则梳着银锭髻、螺髻、挽髻。

　　由于古滇国人很少穿鞋，所以，他们也都光着脚。

　　古滇国出产麻、棉、丝、毛，各色各样。贮贝器上的
他们，有的穿对襟长衫，外罩披风，下为合裆短裤或短裙；
有的穿着前短后长的衣服；有的穿着比较宽大的衣服。古
滇人喜欢宽松服饰，因为这样可以防止自己在公开场合露
怯，也可以很好地包裹住自己身体的任何一个部位。

　　青铜贮贝器传递出丰富的信息，足见当时的服饰文化
已经很发达。

　　滇国归附汉朝后，汉文化大规模地蔓延到滇文化中。

◀青铜人俑，披帔的古滇人
◀青铜人俑，戴耳饰的古滇人

▶贮贝器盖上的各色人物

这种文化的涌入，使得滇文化在短短的100年内就消失了。曾经大放异彩的滇国青铜文化也随之销声匿迹了。

　　⚃ 扩展阅读 ⚃

　　艺术不能离开现实，谢赫是南北朝画家，后世最赞赏他画的仕女，"丽服靓妆，随时变改；直眉曲鬓，与世更新"，"委巷逐末，皆悉效颦"。这对发式发展也起了作用。

◎簪子"猛于虎"

在原始丛林，原始人顺手磨制动物的骨头或玉石。他们无意中将它们磨成细长的形状，无意中将它们插到头发上。这就是最早的簪子了。

大禹治水时，也用簪子固定头发。由于他埋头劳作，导致簪子都掉了。

那时候的簪子，还比较简陋，也不叫簪，而是叫笄。有玉笄，有玟瑁笄，有角笄，有竹笄。

渐渐地，簪子不仅用于固定头发了，还用于固定帽子上的饰物。这样，就诞生了衡簪。衡簪起先为男子使用，后来才慢慢发展为女子所用。

为了方便挠头，有的簪子顶部还被制成弯形。如此一来，一个簪子可以两用了。

汉武帝时，李夫人最受宠爱。李夫人出身卑微，她的哥哥李延年是音乐家，而她是一名舞伎。她能够入宫，还要得益于李延年的歌舞。李延年是一个大音乐家，有一天，他为汉武帝表演，唱了一首新作："北方有佳人，绝世而独立，一笑倾人城，再笑倾人国。"汉武帝听得如痴如醉，自言自语道，世间真有如此貌美的女子吗？结果，有人告诉汉武帝，李延年的妹妹就如歌中之人。汉武帝听后，大为振奋，赶紧把李延年的妹妹召入宫中。相见之下，果然

▲镶宝石的定陵出土镶珠宝花丝金龙金簪

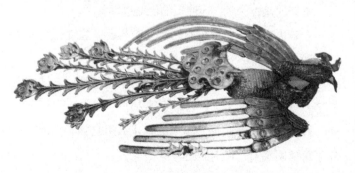

◀精雕细刻的金凤簪

▶镶宝立佛金簪，
　异常精美

▶嵌宝石金发簪

▶嵌宝石白玉簪

容貌俊俏，便纳为妃子了。

　　李夫人得宠后，头上常戴玉簪。汉武帝到李夫人宫中时，觉得头皮痒了，李夫人就拔下玉簪给他挠痒。

　　宫中的妃子们听说后，把玉簪又叫玉搔头，并纷纷效仿。

　　玉簪的盛极一时，还使玉的价值也翻番了。

　　金簪也出现了。但只有贵族才戴得起。它变相地标榜着一种身份。

　　簪子除了可以挠头外，还可以用来清除耳垢。这样的簪子，一头削得很尖，另外一头像个小勺。

　　簪子还能演奏乐器。早期的音乐人用它弹奏琵琶，弹完了再插回头上，特别方便。

诗人颇爱簪子，许多诗句中都有簪子。唐朝诗人李贺诗曰："灰暖残香炷，发冷青虫簪。"青虫，是指绿金蝉，它喜欢藏匿在朱槿花中与配偶亲热。把簪子制成绿金蝉的模样，是取其夫妇恩爱之意。

明朝发饰急剧增多，样式层出不穷，到了不可思议的地步。还有专门替人戴簪子的职业。

清朝人对美的追求越来越苛刻，越来越刁钻，把头饰戴得满头都是，簪子插了左一把右一把。那满满的头饰，让头发没有空隙，人都要淹没了。

簪子的发展"猛于虎"，可见一斑。

扩展阅读

元朝时，高句丽的毛施布、帖里布，颇为时髦。高句丽浩浩荡荡地驮运这些织物，卖给元朝人。毛施布，就是麻布，也叫苎麻布、木丝布、汉丝布、漂白布、白布等。

◎惊人的金缕玉衣

刘胜是汉武帝的哥哥，被封为中山国的诸侯，即中山王。汉朝有许多诸侯国，其中包括中山国。

汉武帝担心各诸侯国各自为政，威胁到他的统治，便对刘胜等诸侯监视甚严。一些心存不良的大臣，还在汉武帝面前挑拨是非，指责诸侯们的不当。这让诸侯们的日子很不好过。

时间长了，诸侯们感觉生不如死。一年，诸侯们一起到皇宫，谒见汉武帝。汉武帝设宴招待。席间，乐伎演奏音乐，刘胜突然哭了出来。

汉武帝很奇怪，问刘胜哭为什么。刘胜借机哭诉了自己和其他诸侯们受到的不平等待遇，哭诉了许多大臣暗地里对他们的陷害。

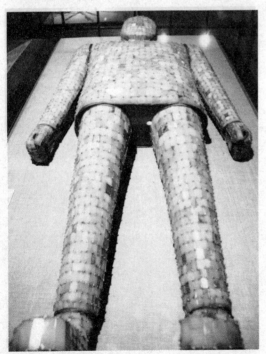

▼刘胜的金缕玉衣，用金丝缝缀

刘胜虽然抽抽搭搭，但说得有理有据。他文采很好，口才很好，汉武帝听后，大受触动，下令，大臣们以后不得任意欺负诸侯。

经历了这件事之后，刘胜在诸侯中获得了威望。

刘胜很谨慎，他并没有因此而大意。他知道，在汉武帝心中，还是怀疑诸侯们有野心。他为打消汉武帝对他的怀疑，他不再过问政事，而是把主要精力都放到享受中。他整日沉迷女色美酒，仅是儿子就生育了100多个。

就这样，他得到了善终。

临死，他还把奢华无度的生活，带入了坟墓中。

在他和夫人窦绾的墓中，随葬着珍贵无比的金缕玉衣。

刘胜身上所穿的玉衣，长1.881米，由2 498块玉片制成，所用金丝有1 100克。

窦绾身上所穿的玉衣，由2 160块玉片制成，所用金丝有700克。

金丝，也叫金缕。在古代，玉衣按照级别的不同，分为金缕玉衣、银缕玉衣、铜缕玉衣。帝王穿金缕玉衣，诸侯穿银缕玉衣，公侯穿铜缕玉衣。

刘胜虽为诸侯，但汉武帝认为他表现良好，他又非常奢侈，所以穿了金缕玉衣。金缕玉衣是玉衣中规格最高的。

古人认为玉象征高洁正直，可以辟邪，可以保持尸身长久不会腐烂。在制作玉衣时，完全依照人体的样子而制。无论是鼻子、眼睛、肩头等部位，都依照人的身材，栩栩如生。手都制成了握拳状。下体的隐私部位，还有阻挡。

汉朝非常强盛，但生产水平终究落后，要制作出这样的金缕玉衣极其不易，要从很远的地方运来玉料。由于玉料大小不一，形状不同，还要经过层层检验和加工，工序烦琐。不过，这也体现出，汉朝的手工艺水平是很高超的。

扩展阅读

芒丝，有一个通俗的名字：缎。元朝时，芒丝主要是暗花（本色提花）和素（单色无纹）。暗花并不奇妙，奇妙的是，它很繁华细密，柔软厚重，皇室常以其刺绣。

◎帻是什么

董偃在13岁时，跟着寡母去卖珠宝。有一天，他来到馆陶公主的府上，公主怜其模样周正，便把他留在府中，教他读书、写字、相马、驾车、射箭等。

董偃性格温婉，很会说话，又知礼仪，不仅让馆陶公主宠爱他，许多王公贵族也都愿意与他交往，亲切地称他为"董君"。

董偃的名声慢慢地传播了出去，就连汉武帝都听说了他。

这一日，汉武帝来到馆陶公主的府上，点名叫董偃来见。馆陶公主见汉武帝知道了她与董偃的亲密关系，有些慌乱，忙叫董偃出来。

董偃更是慌张惶恐，他戴着绿帻，以奴仆的身份向汉武帝跪拜。

汉武帝仔细看他，觉得他长得的确好看，又很温柔和气，颇是愉悦，便赐予他衣服和帽子。汉武帝的意思很明显，就是将董偃的身份地位提高了，默许了他和馆陶公主的隐秘关系。

那么，什么是绿帻呢？

绿帻，就是"贱人之服"，即地位低贱的人所服之帽。

李白后来写了一首关于董偃的诗，道："绿帻谁家子，卖珠轻薄儿。"这里的绿帻，是指依靠不入流的方式获得荣华富贵的人。

帻，是一种头巾。分为3种，一种是介帻，一种是平巾帻，一种是冠帻。

介帻是王莽发明的。王莽原来戴头巾，有一日，他把头巾加上一个硬顶，便形成了帻，模样像个小屋子。

还有一种折角巾，出现在东汉末期，是郭泰发明的。

◀《授经图》中，席地而坐者戴着巾帻

郭泰是个著名人物，一天，他走在街上，突然遭遇下雨，他无处躲避，便取下头巾，把头巾折叠起来挡雨。路人见了，也都效仿。之后，折角巾便流行了。

三国时，有人用头巾包住头发，然后拖下一个长丝带，飘逸极了，一下子就风靡了。这就是纶巾，这个发明者就是诸葛亮。

关于巾帻，还有一个脱俗的故事。

晋朝时，名士支道林从建康去余杭山，蔡子叔等人来为他送行。蔡子叔先到，坐在支道林的身边。第二个到的是谢万石，坐得离支道林稍微远一点儿。

一时，蔡子叔因有事离开了一会儿，谢万石就挪到了他的位置上坐。蔡子叔回来后，看到谢万石坐在自己的位置上，二话不说，就把谢万石连人带垫一把掀到了地下，自己又坐回去。

谢万石的帻被掀掉了，但他不恼不怒，很平静，坐回原来的地方，没有丝毫不悦。他慢慢地爬起来，还对蔡子叔说，你太不小心了，差点儿破了我的相。

蔡子叔道，我才不管你破不破相呢。

旁人都以为两人会因此生隙，可是，两个人压根不放在心上，颇有雅量。

这说明，在古代头巾和帽子可以一起戴在头上，当然也可以只戴头巾。这也说明了两人的胸怀都比较宽广，不计较这样的小事。

此事也说明，在魏晋时期，帻依旧盛行，帻与冠可以并戴。

隋朝时，蓝田县的县令发现了一个随葬的玉人。玉人头上戴着帻。玉人被送给皇帝后，皇帝对这个小东西很好奇，问大臣属于哪个朝代。大臣们支支吾吾答不上来。这时，一个叫崔赜的人说，这是汉文帝以后的。皇帝奇怪，问崔赜何以断定。崔赜说，在汉文帝以前没有人戴帻。

可见，帻与其他文物一样，也蕴含着历史信息。

扩展阅读

古代的常服流行博袖，以便袖物，这是出于实用的设计。"袖里乾坤大"，秦朝人张良为了暗杀秦始皇，曾把一个重20斤的大铁锤藏在袖子里，可见博袖之大。

◎一簪一珥，一生一世

汉武帝雄才大略，但也好色，后宫有诸多佳丽。他很宠爱的一个妃子，是钩弋夫人。他已经年迈，钩弋夫人正当青春。

不久，钩弋夫人生下了一个儿子，即刘弗陵。汉武帝宠溺刘弗陵，想立刘弗陵为太子。

当刘弗陵长到五六岁时，汉武帝担心起来。他觉得，刘弗陵太幼小了，而钩弋夫人还很年轻，如果让刘弗陵继承皇位的话，钩弋夫人作为监护人，必然要干预政事，而这样一来，国家就会被扰乱，安定局面就会受到威胁。

汉武帝担心后宫干政，发生大乱，心下焦虑，忧心忡忡。

过了一段时间以后，汉武帝似乎拿定了主意。一日，他在甘泉宫休息，钩弋夫人陪侍在一旁。

突然，汉武帝开始无故地大声斥责钩弋夫人。钩弋夫人异常惊慌，颤抖着摘下自己的簪珥，跪在地上叩头，恳请息怒。

钩弋夫人为什么要摘下簪珥呢？这里面涉及了服饰文化。

汉魏时，女子在耳朵上戴的饰物，分为珰和珥。珰，是穿过耳朵，垂在耳朵上的；珥，不一定要穿过耳朵，可以直接挂在珰下面或者簪下面，还可以用丝线直接系在耳朵下面。

这种耳饰来自少数民族。少数民族的女子戴着它们走动时，发出悦耳的声音，引起了中原人的好奇，于是效仿之。

▼白玉镂空寿字镶宝石簪

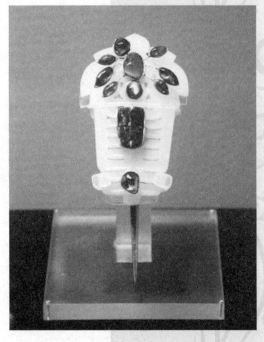

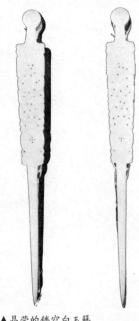

▲晶莹的镂空白玉簪

宫中女子更是甚爱之。她们会用丝线系上耳饰，拴在耳旁，名"悬珥"；也会将珥珰系在簪上，悬于耳旁，名"簪珥"、"瑱"。这样的戴法，还蕴含着一层哲学意义，即提醒当事人不要听信谗言。

汉宫中的钩弋夫人就戴着簪珥。

簪珥代表体面、正统，当汉武帝斥责钩弋夫人后，钩弋夫人取下簪珥，是表示谢罪。

汉武帝责难钩弋夫人，是无辜寻隙、找茬儿，为的是处死她，扫除后患。

汉武帝命人将钩弋夫人押送到掖庭。钩弋夫人一边走一边回头，哭着请求。汉武帝不准，对她说，快去吧，只能这样，你没得活。

钩弋夫人泪流满面，从此被幽禁起来。她又忧又惧，不久就死了。

钩弋夫人死后，汉武帝命人厚葬，然后在第二年春天，立她的儿子刘弗陵为太子。

簪珥是头面的一部分，也是尊严的一部分。

当馆陶公主与奴仆董偃鬼混时，汉武帝知道后，要见董偃，馆陶公主害怕，行礼后，跑到殿下跪着，取下簪珥，顿首聆听教训。

馆陶公主的耳饰，与发簪连在一起，要一并取下来。如此一来，她就等于素颜面圣，这是她认错的意思。

簪珥，是古代服饰中重要的成分。

其中，仅是簪，就有多种，如贵族用的玉簪、金簪、银簪、玳瑁簪、琉璃簪、翠羽簪、宝石簪等；还有平民用的竹簪、铁簪等。

最贵重、价值最高的是玉簪。它比黄金簪要珍贵，因为玉蕴含着德行高尚。

簪子的形状，有花形，有动物形。

玉簪沉淀着深深的传统文化，它可以是定情物，可以

是祝福之礼。美女一定要戴玉簪。

明清大学者李渔对簪珥大加颔首，写道："一簪一珥，便可相伴一生。"

扩展阅读

新石器时期，发笄已经出现了，原始人磨制出了石笄、骨笄、蚌笄等。后来，又出现了竹笄、木笄、玉笄、铜笄、金笄等。商朝时，男女老幼都可以在头上插发笄。

◎古代的三角裤

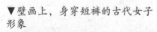

汶上县有一个屠夫，干活时，经常裸露上身，下面穿着一条短裤，外面还不套裙子。他生活艰苦，为了干活方便，又能遮住羞处，还能省省布料，所以，他就穿了短裤。

▼壁画上，身穿短裤的古代女子形象

这是历史上最早的关于短裤的记载。

短裤，最初只是最底层的劳动人民所穿，统治者对劳动者不屑一顾，因此，很少记载。那时的连裆短裤，称为"裈"。

西汉的大辞赋家司马相如曾穿着裈出现在公共场所。

司马相如倾心于临邛富人卓王孙的女儿卓文君。有一次，司马相如受邀，到卓王孙的府上饮宴。酒足饭饱之余，司马相如作了一首曲子《凤求凰》，借此表达对卓文君的爱慕之情。

室内的卓文君听出了弦外之音，也对司马相如一见倾心。

于是，二人私下约定，乘着夜色的掩护私奔远方。

事发后，卓王孙异常愤怒，一文钱都不再给卓文君。司马相如家中穷苦，为维持生计，便和卓文君在临邛开了一家小酒铺。

卓文君屈尊卖酒，管理杂事。司马相如也系上围裙，和伙计们一道洗碗、收拾桌面。此时的司马相如就穿着犊鼻裈。

这是一种类似三角裤的短裤，只有出身微贱的人才穿。贵族子弟多穿纨绔，鄙视穿犊鼻裈的人，认为穿犊鼻裈很

差耻。

　　此事传到卓王孙耳中，卓王孙感觉丢脸，只好拿出钱来接济了卓文君和司马相如。

　　贫穷人家，冬天时，会穿"复裈"。这就不是三角裤了，而是一种夹短裤。

　　晋朝有个著名的思想家，叫韩康伯。他小的时候，家里非常穷，到了寒冬时节，只有上身穿的，没有下身穿的。他的母亲很心酸，四处筹措想要给他做复裈。他劝阻母亲，说不用做，有上身就行了。为了让母亲放心，他还打了个比方，说人就像熨斗一样，只要熨斗热了，熨斗的柄也会跟着热起来的。也就是说，他只要上身暖和了，温暖也会蔓延到下身的。

　　宋朝的内衣多样化了。女子也还有开裆裤。这种裤极华丽。在烟色绸缎上印有大朵的牡丹花。它不是普通的内衣，可以套在连裆裤外面。

▲西域胡人的短打扮

扩展阅读

　　汉朝人崔寔，是五原太守。他看到百姓在冬天没有衣服，就躺在细草中，有的人还穿着草衣，便将麻引入了寒冷的塞外。他教百姓种植、纺织，免除了百姓的寒苦。

◎眉有多少种

汉宣帝时，都城长安的治安不好，一片混乱，各种恶习比比皆是，小偷小摸数不胜数。负责治安的京兆尹换了好几任，依然解决不了问题。汉宣帝在焦急中，又任命张敞为京兆尹，急赴长安。

张敞初到任，并不急于判案，而是先微服私访，暗中了解情况。

他查出，偷盗集团的头目并不是穷苦人，而是家境很好的富人。这些人外出作案时，还带着奴仆。由于他们非常阔绰，无人想到是他们在偷窃，平常还对他们以礼相待。

张敞了解到情况后，未予抓捕，而是悄悄地派人把这几个头目找来，齐聚自己的府中。然后，张敞关上门，将他们的罪状一一列出，要求他们交出所窃的财物。

这几个头目说，如果能给他们安排官职，就交出赃物。

张敞同意了，给他们安排了官职。

▲壁画上的引路菩萨，画着翠眉

几个头目回家后，各自按照承诺，邀请他们的同伙前来吃饭。那些同伙不知是鸿门宴，高高兴兴地去了。在宴席上，他们一个个喝得酩酊大醉，不省人事。几个头目按照之前与张敞的约定，将同伙的背上都涂以红色。当这些人离开时，守在外面的捕快一眼就辨认出了他们，把他们一网打尽，一共有几百人。

长安的秩序焕然一新，民众皆盛赞张敞。

张敞的确很有智慧，他很尊重法律，但是，他不追求矫枉过正；他对于严刑逼供极不赞同。他的行事，受到百

姓的拥护。

可是，尽管如此，依然有大臣对他不满，向汉宣帝指控他轻浮，不符合大臣的身份。

汉宣帝觉得奇怪，不知张敞哪里轻浮。

那个指控他的大臣便说，张敞穿衣服很随便，常常穿着常服，摇着大蒲扇，在街上溜达；有时候，他大早晨的，还给他夫人画眉毛。

经过此人的渲染，汉宣帝觉得张敞好像真有点儿轻浮。

汉宣帝召张敞上殿，询问他是不是真有此事。

张敞泰然自若，说道，夫妻之间的风流事多着呢，难道只是画画眉毛吗？

意思是，这本是人之常情，是自己的私生活，犯得着嚼舌头么。

汉宣帝醒悟，没有惩罚他，让他回去了。

不过，在汉宣帝的心里，却对张敞打上了问号。他认为，张敞能给夫人画眉毛，说明张敞没有做官的威严感，难以服众，恐怕不能胜任更高的官职。

在这种疑虑下，张敞一直得不到升迁，在京兆尹这个位置上待了八九年。

张敞的才华没有得到充分的发挥，就是他替夫人画眉酿成的。

画眉，在古代，是一个很重要的事儿，甚至比眼妆还要被看重。

就连尼姑也要画眉。在范阳禅院里，有个清修的小尼姑，就擅长画眉，且自创出了一种画眉法被记到了史书上。

汉朝还有专门的修眉工具，形似今天的镊子；还有眉笔；还有研眉粉用的砚台，

▼敦煌壁画上的菩萨，画着柳叶眉，留着蝌蚪胡

称"黛砚"。

汉朝人偏爱八字眉，画好后，有一种让人欲哭的感觉。此眉，最受青楼女子喜欢，也让男人心生怜爱。

"朱唇翠眉"，在汉朝以后也甚为流行。它源于敦煌中的一尊引路菩萨像。这尊菩萨，是男身女相，正在超度一个贵妇升天。菩萨的胡子是蝌蚪形，眉毛就是翠眉。但这种绿色，不是通体皆绿，也不是全部的黑色，而是灰色和青色掺杂在一起，细看还是绿色，远观非常美丽。

黛，是画眉材料，是一种矿石，含碳量高。古人觉察到它对皮肤有害后，开始开发更合适的画眉材料。于是，他们发现了螺黛。螺黛由靛青和石灰水混合而成，过于名贵，一般人很难用得起。它是从波斯国传过来的，每颗价值10金。

隋炀帝引入了大量的螺黛，赐给宠姬画眉，花费惊人。

宋朝时，黑色的眉毛仍是主流，只是画法更新颖、奇特。

宋朝人把麻油灯上罩，让烟雾凝结在罩上；到一定程度后，将罩上的烟刮下来，与樟脑麝香油调和到一起，便可以画眉了。这样画出的眉毛漆黑漆黑，堪称黑中之最。

还有一种柳叶眉，颇受女子喜欢。画柳叶眉时，古人会取老而韧的柳枝，画在眉峰处，使黑眉间再带一点儿绿色，显得人更妩媚了。

◎窃取蚕的机密

汉朝以后，朝廷设有定点，专门送丝绸进宫。这个地方，叫襄邑，所送来的丝绸都格外精巧。

有一种叫做"织成"的丝绸，是创新的品种，花纹更为精美，所需技术更高。

有一个叫陈宝的人，发明了提花机。这大大提高了技术水平，能织出的花样更多。陈宝声名鹊起，权臣霍光很欣赏他，召他到自己府上，给他极好的待遇。在古代，手艺人受鄙视，能被召入权臣之府，是很高的荣誉。

霍光的妻子心地歹毒，她想让自己的女儿当皇后，为此，要害死现任许皇后。她找来当时的妇科医生淳于衍，让淳于衍毒死许皇后。淳于衍入宫后，在药中下了毒，服侍许皇后喝下。许皇后感觉难受，问是否有毒。淳于衍说无毒。不久，许皇后就死了。

淳于衍毒杀了许皇后，出了宫向霍光的妻子报告。霍光之妻为表示感谢，赠送给淳于衍24匹蒲桃锦，15匹散花绫。这些东西，都是陈宝亲手织成的。按照60天织1匹计

◀汉朝小菱纹锦衣

▶汉墓出土的丝织物

算，需要整整8年才能织完，可见其贵重无比。

中原的织物如此稀罕，也让西域各国羡慕起来。西域使者入朝后，总是忍不住打听织物是如何制成的。他们尤其对丝绸感兴趣，想要弄明白制作丝绸的技术。但是，朝廷对这项技术严格保密，甚至颁布法令，不许技术泄漏，不许桑树果、蚕种流出。

西域各国不甘心，也不死心，琢磨着如何窃取机密。

瞿萨旦那国的国王，最费心思。他备了厚礼，向朝廷请求联姻。朝廷正在拉拢西域国家，便同意了，准备让公主下嫁、和亲。

瞿萨旦那王便交代使臣，偷偷地告知公主，说瞿萨旦那不产丝绸，让公主自带桑树种子和蚕种，以便日后给她制作衣裳，不然就只能穿粗布衣了。公主只有十几岁，不知里面的玄奥，马上答应了。

当出嫁队伍来到边境时，边关将士进行例行检查。公主事先将桑树种子和蚕种都藏在了帽子里，所以未被发现。

就这样，瞿萨旦那国也能养蚕了。

蚕虫很娇惯，既要保证饮食，还要很好地睡眠。让蚕

虫有规律地作息，是关键。这要求，每次喂食，要掌控好量，喂食的动作，要轻盈，以免打扰蚕虫的睡眠。

养蚕，是抽丝剥茧的第一步。为了让蚕顺利蜕变，可将蚕种用牛粪浸泡，使蚕茧的外围组织变得柔软；然后清洗，去掉牛粪的碱性；清洗不可过度，否则会伤害到茧中的虫；清洗后，将蚕种挂起来，等到春天来临，将蚕种取下，平放；大约一周后，蚕的完美蜕变就完成了，就可以加工衣服了。

扩展阅读

商周时，有人把头发卷成蚕尾状，以显婀娜，这是最早的卷发。商朝出土的一件雕像，长发过肩，发端朝外上卷，颇似现代的"翻翘"。汉朝的赵合德梳过大波浪卷。

◎汉朝的开裆裤

听说过吗？汉朝女子要穿开裆裤！

是的。那时的女性，大多穿深衣，里面有一件胫衣。胫衣，就是裤子，只不过是开裆的，与现在的袜子很像。

其实，裤子早在商周时就有了，只不过叫法不一样，那时叫绔。社会等级高的人，穿的裤子很长；等级越低，穿的裤子越短；等级最低的人，就只能穿短裤了。战国人苏秦在年轻时很贫困，他穿不起长裤，总是光着两腿。苏秦很勤奋，每次外出都会做记录，如果身旁没有可以书写的东西，他就将所见所闻写在大腿上；回家后，再誊抄下来。

到了秦汉，开裆裤发展到可以裹住大腿了，文明程度提高了不少。但裤子仍只有两条裤腿；裤口较粗，没有腰身，用带子绑在腰上，称为"绔"。

由于裤子只有两个裤管，所以，不能说一条裤子，要说一双裤子。

汉朝男女，下身都是裙子，里面再套上"一双"开裆裤，是最标准的穿着。

▲开裆裤实物，精美绝伦

不只女子穿开裆裤，男子也是一样。而且，有的男子只穿深衣，里面甚至连开裆裤都不穿。

虽然穿了开裆裤，外面还套有裙子，但依然容易暴露隐私部位。所以，汉朝法典规定，任何人在公开场合都不得提起裙子；除非过河，为避免衣裙被溅湿，可以提裙子；否则就是不敬。

有了这项规定后，古人在干活时，都不敢提裙子；无论夏天多么酷热，也不敢提裙子。不过，开裆裤便于私溺。所以，它又叫"溺裤"。

大臣霍光把持政权后，开裆裤终于"进化"成连裆裤了。

霍光有一个外孙女，入宫做了皇后。为了不让其他嫔妃生下皇子，只让这个外孙女生下皇子，霍光施行了一道法令，让后宫所有的人都穿"穷绔"，穷绔就是连裆裤。

裤子终于完整了。

当时，有个大臣叫周仁，在皇帝面前是个大红人，可以和皇帝一起进入后宫，一起观看后宫的闹秘戏。这是因为，周仁口风甚严，寡言少语，从不随意传话；周仁还很节俭，经常穿打补丁的衣服，而且，总是穿连裆裤，自律严谨。所以，皇帝对他很放心。

明朝时，还出现了一种膝裤，也叫"半袜"。它是锦缎制作的，上达膝盖，下达脚踝，很保暖。

扩展阅读

深衣被加工后，就成了袍子。袍子很长，内夹棉花；袍袖袖口是收紧的，称为"牛胡"。短袍叫"襦"，周朝时，若穿襦，必须套上罩衣，以免暴露肌肤，被视为不雅。

◎梳头的学问

远古的男女，基本都不扎头发，而是披头散发。而且，头发一直留着不剪，个个都是"披肩发"。这就是古代最早的发型。

随着社会的发展，各种劳作和杂务相应增加，披散着头发会觉得碍事，不太方便。于是，有人便想出一个办法，找来草绳将头发绑起来。这样一来，做什么都方便了。

到了夏商周时，古人已经流行起梳辫子。有的女子还试着在头上开挽髻。

汉朝时，发髻发式得到了重大的发展。尤其东汉时，这种发展几乎是空前绝后的。

东汉有个权臣，叫梁冀。他的姐妹中，有3个是皇后，有6个是贵人；他家的男人中，有7个是公侯，有2个是大将军，有3个是驸马；他的家族里，有57人是高官。

梁冀扶立了3个皇帝，其中一个因为不愿受他控制，被他毒死。

梁冀心狠手辣，但却惧怕他的老婆孙寿。他经常被孙寿打得叫苦连天，跪地求饶。

孙寿的嫉妒心甚重，对梁冀看管极严，不许他在女色方面有丝毫的差池。

梁冀暗地里招惹女子，不让孙寿知道。他趁着服丧，在外面与一个叫友通期的女子同居。结果，孙寿眼线众多，很快就知道了。她大发雷霆，带领众多强悍的奴仆，来到友通期的住所，把这个女子绑起来，严刑逼供，剃光了女子的头发，割裂了女子的脸，还扬言要去皇帝面前告梁冀一状。

梁冀吓得战战兢兢，急忙跑到岳母家，向岳母求救。他又是磕头又是作揖，再三恳请原谅。孙寿总算答应了。

◀高髻有蛊惑之美，历代受到追
捧，图中高髻十分奇特

　　梁冀并不是真心悔改，他照样与友通期来往。他们还
生了一个儿子，取名伯玉。梁冀害怕孙寿再度发现，危害
伯玉，便把伯玉藏在墙壁的夹层里。

　　孙寿自然又知道了。她怒不可遏，派儿子前往友通期
的住所，把友通期杀死了。梁冀缩在一旁，大气都不敢出。

　　梁冀这人长得相当丑，不仅弯腰驼背，而且，眼睛和
嘴巴都是斜的，说话还结巴。可是，孙寿却长得美丽无比，
称得上是如花美眷。孙寿很爱打扮，很会打扮，虽然她残
忍暴戾，但她在美容美发方面的实践，却成为一个不折不
扣的里程碑。她为中国的服饰发展，作出了不可磨灭的
贡献。

　　孙寿发明了许多有名的妆容、发式和步姿。其中，有
5种最为著名，分别是："愁眉"、"啼妆"、"堕马髻"、"龋
齿笑"、"折腰步"。

　　她擅画眼妆，常常把自己的眉毛、眼睛画得像刚刚哭

过一样，我见犹怜。

她还将头发全部挽到一边，倾斜着，就像是从马背上摔下来一样，也是楚楚动人。

她在微笑时，还做出仿佛牙痛的样子，遮遮掩掩，似笑非笑，娇媚至极。

她走路的样子，最为特殊。古代以腰细为美，孙寿更胜一筹。而且，她走路时，不走曲线，只走直线，让人感觉她的腰好像要折断了一样，飘飘摇摇，摇摇欲坠。

堕马髻，又称倭堕髻，它在历史上影响甚大。这种髻，梳起来并不复杂，先用梳子将头发从正中间分开，然后到颈后聚拢成一股，挽成一个髻；之后，从挽好的髻中，再分出一小股头发来，沿着头的一边斜下来，就像时刻要坠落一样。

这样的发式，会增添女子的柔弱感。

孙寿发明堕马髻不久，还发展出另外一种髻——倭堕髻。倭堕髻，就是将整个髻都歪向头的一侧，欲堕未堕的样子。

当然，东汉并不只流行堕马髻。缕鹿髻也很时尚。

缕鹿髻就是把头发编成一层一层，像个小轮子，一轮又一轮，到处都是，下轮大，上轮小。梳起来很复杂，要费一番工夫，但却异常华丽。

▼汉朝梳妆盒，大盒中又有许多小盒

魏晋南北朝时，社会动荡，冲突不断，生活受到影响。体现在服饰方面，这时的女子顾不上打扮了，头发只是简单地绑扎，前额披散，只露出眼睛而已。

当儒家和道家的思想盛行后，女子的发式也随之发生变化。儒家、道家中的人物，头发都高高挽起，于是，民间开始推崇高髻。

隋朝时，发式比较固定，多在头顶上挽

成一个髻，堆在脑袋上，像个帽子。

唐朝是女子的盛会。她们的发式多种多样，但仍以高髻为主。

唐女崇肥，显得身形高大。她们的发式也跟身形一样，又高又大。最惊人的是惊鹄髻。发式宛若一只受惊的鹄欲展翅高飞。不过，"鹄"的线条比较柔和、不僵硬，与女子的面容很吻合。

峨髻也很新鲜，很夺人眼球。《簪花仕女图》《虢国夫人游春图》中，女子们所梳的发式，就是当时最流行的峨髻。

发髻越来越高，显示出唐朝人的自信也越来越高。从另一个侧面，也显示了那个朝代的强盛。

扩展阅读

宋朝与契丹国作战，契丹服饰传入中原。朝廷为阻止契丹文化的入侵，多次下令，禁止百姓仿制契丹服饰，禁止穿用契丹人喜爱的铜绿色、茶褐色等。但屡禁无效。

◎ 穿在身上的"美德"

楚国最开始只是偏居一隅，又小又破，被中原国家瞧不起。楚国的先祖们为了争口气，一身褴褛地开辟荆棘，建立家园，每年，还要瑟瑟发抖地赶着柴车，经过迢迢山路，去给周天子进贡。

周天子仁厚，怜惜他们，对他们送来的简陋的桃木箭、动物羽毛，表示出珍重之意，尽力扶持他们。

就这样，楚国逐渐兴盛起来。

楚国的崛起，实在不容易，楚国先祖破烂的衣着，也被视为难得的美德。"荆钗布衣"也因为寓意勤俭节约，而成为一个具有正面意义的词。

汉朝时，有个叫桓少君的女子。她出身富贵，在出嫁时，父母给她准备了丰厚的嫁妆。她到了夫家后，夫君却一脸不高兴。

▼出土的衣料残片，隐约可见华美的花纹

桓少君问为什么。夫君说："你从小娇生惯养，喜欢美好的服饰，而我出身于贫穷之家，这些礼物我是受不起的。"

桓少君顿时醒悟，她立即叫人将陪嫁的服饰都退还了娘家，自己只穿着简单的短布裙。夫君大悦，甚为感动。二人夫唱妇随，共归乡里。

孟光在嫁给梁鸿时，也是精心打扮了一番。她穿着精美的绮罗，搽着美艳的脂粉。没想到，她的艳丽毫无用处。梁鸿竟然一连7天不跟她讲话。

孟光不解，后来才知是服饰惹的祸。

在梁鸿的劝导下，孟光也将头发挽成椎髻，穿起了粗布衣裳，刷刷地干起

家务事了。梁鸿这才转怒为喜。

荆钗布衣作为美德的象征深入古人之心。

马伦，是大学者马融的女儿。她在嫁给袁隗时，由于她的娘家地位比较高，家境比较殷实，袁隗觉得她太过于华丽了，有点儿不喜欢。

马伦思想敏锐，一眼识破。她对袁隗说："我知道你是一个像鲍宣、梁鸿那样有着高尚节操的人，我也愿意成为像少君、孟光那样的女子。"

袁隗听了，放宽了心。从此，他们相亲相爱，相濡以沫。

随着社会的发展，生活水平的提高，让自己打扮得越来越好，本无可厚非的；不过，不贪慕虚荣、勤俭节约，依然不失为美德。

孔子说，一个人只有具备一定的美德，且衣冠整饬，二者兼备，才能称之为君子；美德是指，富贵时不忘情义、仁义，勇敢时依然忠心，充满智慧而行为端正，容貌庄重而心地正直；如果不具备这些美德，即使衣着华丽奢侈，也算不得君子，只是徒有其表罢了。

古代的华服，是祭拜日月、神灵时要穿的衣服；与之相对的，就是平常所穿的衣服，称为常服、便服、野服。古语说的"礼不下庶人"，就是指一般的平民不能穿高贵的礼服，只能穿常服。

常服很粗糙，很短，但有些人偏好常服，以此表现思想的质朴、灵魂的高洁。

汉朝大将军何进权力很大，他很倾慕大儒郑玄，想招募郑玄来朝做官。他前去拜访郑玄，郑玄知道了，却不穿朝服，只穿着常服来见。这既表明了他的超脱，也表明了不想做官的意思。

汉朝还有一个著名的隐士，叫韩康。韩康总在深山里采药，之后卖给别人，在价钱上说一不二，非常清高。朝

▲楚国木俑，服饰风格简洁流畅

廷想招募他为官，带着"玄缥"，驾着安车，去聘请他。

所谓的玄缥，就是玄衣缥裳的礼服，象征着官员的身份。

韩康不想出山，他见了安车，拒绝乘坐，兀自驾着一辆牛车走了。

走到半路，韩康看到亭长正在指挥人修路。亭长之所以修路，是因为得知皇帝要征召韩康入朝，要穿玄缥、乘安车从此路过。亭长不认识韩康，他看见韩康驾着牛车，戴着幅巾，以为韩康是一个乡野村夫，由于正缺少牛驮运砂石，便强横地夺走了韩康的牛。

韩康身为名人，却戴着和平民一样的幅巾，也是彰显美德的意思。他虽然失去了牛，但名声却更大了。

有了郑玄、韩康等人的风范，有些王公贵族也开始效仿，穿上平民所穿的衣服。不过，他们的效仿只停留在表面，他们的便服依然华丽精细。在服饰发展的历史长河中，他们的服饰依然占据主要的部分。

扩展阅读

宋朝服饰发展到了很高的水平，朝廷为了垄断服饰行业，至少3次发布禁令，不许民间穿皂斑缬衣，不许印染缬类织物，不许贩卖印制花布的镂空花版。但无人听命。

◎肩上的云朵

蔡文姬是大学者蔡邕之女，早年，她嫁给了一名学士，可惜不到一年，丈夫就咯血而死。婆家对她不喜欢，她不得已，只能回了娘家。

东汉末年，社会动荡，战争四起，匈奴大肆侵略中原。在战乱中，23岁的蔡文姬被裹挟到了匈奴。

蔡文姬是罕见的才女，有很高的文学和音乐素养，至匈奴后，她被迫嫁给左贤王。

蔡文姬在匈奴滞留了近12年，生下了两个儿子，但思乡与盼归的痛苦，却从未消失。

当曹操称雄崛起后，曹操感念恩师蔡邕的教导，得知恩师之女被掳到匈奴，便决意将其赎回。

曹操派人持黄金千两、白璧一双，前往匈奴，赎回了蔡文姬。

蔡文姬又喜又痛，喜的是，终于可以回归故国了；痛的是，她无法带走两个儿子。她无限凄凉，无比悲痛，创作了举世闻名的《胡笳十八拍》。

▼《文姬归汉图卷》中，披有云肩

▲云肩实物，上有如意云纹

蔡文姬的曲折经历感动了世人。此后，几乎每个朝代都有人以她为题材进行艺术创作。仅是画她的归汉图，就有多卷。

其中，有一幅《文姬归汉图》鲜明地凸显了服饰文化。

画中，蔡文姬穿着匈奴服饰，头戴貂帽，身穿短窄胡服，脚踏高筒靴，肩披云肩，形似披风。

那么，什么是云肩呢？

云肩，非中原服饰，而是外来的。它彩绣而成，图纹多为四方四合云纹，若肩上浮动着醉人的云朵，这才有了美好的名字——云肩。

云肩可保护衣领不被头发沾污。

在敦煌壁画中，菩萨就披着云肩。

云肩中，蕴含有丰富的文化。比如八方云肩，表示8个节庆，寓意祥和平安，顺应天意；比如五色云肩，有青、赤、黄、白、黑，代表五行中金、木、水、火、土，寓意天人合一。

云肩到了唐宋时，成为上层社会的盛装；元朝时，云肩"下凡"到民间；明朝时，云肩成为时尚。

古人穿云肩绝不随意，非常讲究搭配。如果服色较深，那么，所披的云肩就要配深色；如果服色较浅，那么，所披的云肩就要配浅色。以此达到和谐。

云肩过于隆重，清朝后，慢慢退隐了。

🎗 扩展阅读 🎗

元朝禁止服饰僭越，官员若违制，停职一年，然后降级使用；平民若违制，打50大板，没收服饰。奴仆只能打裹腿、穿短衣，若穿得稍微像样些，就要被讥为"失本体"。

第四章
穿在身上的魏晋风度

魏晋南北朝时，战火纷飞，动荡不安，时人为避世，崇尚玄虚，追求旷逸。这种风气导致服饰趋向宽大，有飘带垂饰，看起来格外飘逸；还出现了一种奇特的内衣，类似现在的吊带衫。此衣只在魏晋出现过这一次。因游牧民族入主中原，还使上衣和裤迎来春天。

◎用锦缎拉车

蜀国和吴国发生战争，蜀军由刘备亲自带领，吴军则以陆逊为大都督。双方战斗异常激烈。

▲繁盛的红地花鸟纹锦

陆逊对刘备有过了解，他觉得，刘备锐气正盛，会先发起冲锋。他便让吴军先避之，等其不备时再攻打。吴军原本想要冲锋，听了陆逊的劝说后，放弃了进攻，开始后退，一直退到夷道、猇亭一带。

这样一来，吴军就完全撤到了平原地带，而将崎岖不平、不适合作战的山地留给了蜀军。

刘备不知是计，依然率领大军向前开进，主力直达猇亭。

这时的蜀军，已经进入吴军的领地，并驻扎于此。

吴军依然按兵不动，蜀军再三挑战，吴军还是不动。蜀军只好继续安营扎寨。

就这样僵持了大概半年之久，从深冬到夏天，两军依然对峙。

其间，刘备曾几次派人到吴军营前叫阵，想引吴军出来作战。吴军始终不理不睬，严遵陆逊之命。

此计不成，刘备再生一计。他令吴班率领几千人在平地驻扎，又派人在山谷上设下了埋伏，想引诱吴军出兵，将吴军歼灭。可惜，吴军还是稳坐泰山，丝毫不为所动。此计又失败了。

眼看到了6月份，酷暑难当。蜀军的将士苦不堪言。不得已，刘备命将营地驻扎到深山老林处，可以稍取清凉，缓解炎热之苦。他计划夏天过去后，秋天再发起进攻。

　　吴军将领陆逊看到刘备移了营，连营700里，而且，都在山地上，兵力很难集中。陆逊认为这是好时机，便率领众将士，趁着月黑风高之际，半夜里突然来袭，使用了火攻。

　　顿时，蜀军陷入熊熊大火中，到处混乱不堪。蜀军人人自危，吴军趁势发起猛攻。蜀军连连败退，死伤无数。

　　刘备无法，尽力突围。在逃跑的过程中，为阻断吴军的追赶，还烧掉铠甲辎重，以阻塞道路。

　　因为马都死伤或跑走了，刘备没有坐骑，他便坐到车上，让士兵用锦缎拉车。就这样，他总算脱了身，退入了白帝城。

　　刘备所用的拉车锦缎，就是著名的蜀锦。

　　蜀国的丝织业非常发达，以至于刘备把辎重烧了之后，还有足够的锦缎用来拉车，免却了被俘或被杀的悲剧。

▼《王蜀宫妓图》中，女子着蜀锦

　　蜀锦在东汉时就有了。它是一种昂贵的真丝，摸起来很柔软，花色很靓丽，有各种动物纹，如狮纹等；还有各种植物纹，如树纹等。朝廷专门设立了一个官职，叫锦官，对锦进行管理。

　　三国时，诸葛亮鼓励民间植桑，给锦官更大的权力，加大织锦技术的革新。蜀锦成了蜀国对外交流的法宝。当时，织一匹蜀锦，要几两金子，但还是有人争相抢购。

　　蜀国还将蜀锦送给吴国，以期联合吴国，共同对付曹操；还将织锦的方法教给偏远的少数民族。苗人因此发明了五彩锦，他们感激诸葛亮，称

其为"武侯锦"。侗族人则将其称为"诸葛锦"。

晋朝时，石崇与王恺比富。王恺用紫丝布做步障，用碧绫做内里，绵延了40里路，非常壮观。石崇不服输，竟用锦做道路两边的屏幕，长达20里路，更胜一筹。二人穷奢极欲至此，也说明了古代丝织业确实发达。

扩展阅读

汉朝时，绢很有风头。根据绢的不同粗细，又分为纨、缟、素、缣等。纨、缟，是指细薄的绢；缣，是指纹路致密的绢。绢，光滑，润美，柔和，温婉，有柔媚感。

◎野藤甲，纸铠甲

三国时，硝烟四起。曹操宠爱儿子曹植，特意赐给曹植几套铠甲，都非常贵重，可以很好地护住前胸和后背。其中，有一种铠甲，叫环锁铠，设计极其精巧，世间少有。

蜀国丞相诸葛亮也重视铠甲，用以武装将士。

当时，南方有个少数民族，跃跃欲试，想要叛变蜀国。南蛮的首领名叫孟获，他为了蛊惑人心，鼓动各部落反叛，便对酋长们说，朝廷想要收集300条黑狗，要求胸前为黑色，还要收集3斗螨脑，3 000根3丈长的断木，你们做得到吗？

部落酋长纷纷摇头，认为这是蜀国在刻意为难他们。于是，他们心怀愤恨，义无反顾地加入了孟获的反叛队伍。

诸葛亮不得不去镇压。他接连3次将孟获擒获，可孟获不服。诸葛亮为了让他心服口服，一再释放他。

到了第四次，孟获改变了策略，他穿着铠甲，骑着一头牦牛，虎虎生风地奔向蜀军的阵地。可是，他还没冲杀到阵前，就掉进了诸葛亮早就设下的陷阱里。

孟获又一次被

◀武士石雕，身着铠甲

▲出土玉器，上有铠甲纹

抓住了，可他依然不服，诸葛亮再次将他放了回去。

就这样，反复地抓，反复地放，一直闹腾到第七次，孟获还在上蹿下跳。这一次，他设立了藤甲军。

藤甲是如何制成的呢？

首先，采集一些野藤，加工成铠甲；然后，将其放入桐油里浸泡，待其坚韧后再穿上。

如此制出来的铠甲，刀枪不入，也不会沉水，是打仗的利器。

可是，让孟获崩溃的是，他又一次失败了。

为什么呢？

因为诸葛亮采取了火攻的办法，把他的藤甲烧得烈焰腾空，藤甲军还未及上阵，就全军覆没了。

孟获完全被诸葛亮折服了，他表示，愿意忠心归附蜀国。

藤甲，是军服中的特例，最普遍的依然是皮革铠甲。

晋朝时，大将马隆去平定西羌。马隆善于运用谋略，屡战屡胜。有一次，在双方军队必经的道路上，马隆令人堆放了磁石，当穿着铁铠甲的羌人通过时，由于磁石吸引铁甲，致使羌人行走艰难。而马隆却让士兵穿着犀甲，结果，非常轻松地走过了。羌人不懂，惊得目瞪口呆，把马隆视为了神。

一般来说，铠甲质地都很坚硬，使用年限也很长，犀甲为100年，兕甲为200年，合甲为300年。

有一种护胸的铠甲，叫胸甲，又叫裲裆。上面涂着好看的颜色，以白色、红色、黑色为主。红色最广泛，最招风。黑色次之。

何以如此？

这是因为，红色和黑色可以帮助士兵在遇到危险时很好地隐蔽，不被敌人发现。这样的保护色，还能带给士兵一种心理安慰，不会因战场上的伤亡流血而产生畏惧。

铠甲到了宋朝，分为皮制的和铁制的。铁铠甲极为坚硬，在50步以内，都未必能射穿。铠甲的中间用皮条或甲钉连起来。它很重，堪称历史上最重的铠甲。

由于皇帝的干涉，步兵穿的铠甲重29.8公斤左右；长枪手的铠甲重32~35公斤；弓箭手的铠甲重28~33公斤；突击手的铠甲重22~27公斤。这样一来，加上携带的武器等，每个士兵的负重达40~50公斤。

如此沉重，让人难以承受，这也导致了军队的机动性降低，不能彻底击退敌人。

纸铠甲，也是在宋朝发明的。它是纸制的，纸很特殊，很柔韧，折起来有3寸厚；纸上还有钉子，遇水后更加坚固，一般的箭很难穿透。

金朝也使用铁铠甲。而且，金朝的马也有铠甲，叫马具装。

金人侵略中原时，不可一世，声势浩大。可是，当他们的箭遇到元朝的铠甲时，就只能望洋兴叹了。元朝的铠甲，是用水牛皮做里衬，外面是铁甲片，中间用皮条连接，交错排列，似一堵穿在身上的墙，十分神奇。

扩展阅读

服饰文化中，若有"以下僭上"现象，会被视为犯禁。三国时，曹操定下禁穿锦绣的制度，曹植之妻没有在意，依旧身穿锦绣，曹操在高台上看到，大怒，赐她自尽。

◎ "治丝"是什么

　　赵夫人是东吴孙权的妃子,她对于刺绣女红特别擅长。她的手格外灵巧,可以说是举世无双。她能用彩线织成龙凤之锦,花纹中,大小收放自如,机器也织不过她。

　　时值三国争霸,孙权见她手巧,便要她画地图,包括山水、湖泊等。

　　赵夫人说,用笔画出来的东西,时间长了容易褪掉,不如用针线绣出来,可以长久保存。

　　孙权一听甚好,便同意了。

　　赵夫人日夜劳作,将国家地理都绣在了一块布上。上面还清楚地标明了三山、五岳、江河、湖泊、城市、线路等,精细无比。孙权一看,拍案叫绝。

　　孙权住在昭阳宫内,到了夏天,室内闷热,他便将床边的紫绡幔帐卷了起来,以沁入丝丝凉风。赵夫人看到这种情况,颇是心急。

▶织造前的"络丝"
▶栩栩如生的采桑养蚕图

采桑

采桑是养蚕技术之一。一般白天备满用叶都在早夏采,夜间和大日采置用叶林将采。

络丝

络丝是织造的前道工序,席地而坐的女工将从缫丝车上脱落后,架于捆络塞上到丝缕,重绕到丝筒上。

她想了想，叫人收集头发，并把头发剖开，用胶粘接起来。然后，她用头发纺织成了绉纱。这样制成的纱幔，不仅有朦胧之感，随着它的飘动，屋里也变得特别清凉，宛若清秋。

孙权甚爱之。当他行军打仗时，一直把这头发纱帐带在身边。

这是一件绝世之宝，被称为"吴国三绝"之一。它完全展开时，有好几丈，但卷起来时，却很小，可以放在枕头里面，可见赵夫人之用心程度。

◀缫丝图，女子从蚕茧中抽取蚕丝

然而，世事叵测，赵夫人的哥哥被人构陷，她受到牵连，被打入冷宫。孙权转眼就忽略了她的功劳，再也不理她了。

不过，她的织丝技术却被载入了史册，流传至今。

织丝，是纺织中的第一道工序。这个工序要求有专用的机器；在用丝之前计算好，一次要下多少蚕茧；如果是想制作头巾，一次放10个蚕茧就够了；如果是像制作绫罗丝，就需要放20多个蚕茧在里面。

将蚕茧放入锅中后，用水煮；水沸腾后，用竹签拨动水面，一旦看到有丝出来，就用手提丝，穿入针眼，然后绕着一个滑轮，一点一点地缠绕，并送到一个大关车——一种脚踏车上面。由于车的转动，丝就会均匀排列，不至于混乱无序。

大关车，是丝织业发展鼎盛时的产物，是纺织工具的创新。

古江南一带，是种桑养蚕的集中地，纺织业更胜一筹。这也是赵夫人能够掌握织绣绝技的原因之一。

> ### 扩展阅读
>
> 　唐朝织锦的纹样为前代所未有，对后世影响极大。禽鸟类有鸳鸯、鸾鸟等；走兽类有飞马、猪等；花草类有葡萄、忍冬等；祥瑞类有樗蒲、流云等；人物类有骑士、狩猎等；文字类有同字、山字等。

◎洛神穿什么

　　袁绍与曹操打仗，其妻甄氏留在幽州。袁绍战败后，曹军乘胜攻破了袁绍的大本营——幽州。

　　曹操之子曹丕率先进入袁绍的房间，屋内坐着两个人。一个是袁绍的妻子甄氏，一个是甄氏的姑姑。甄氏害怕，将头深深地埋在她姑姑的膝盖上。

　　曹丕命甄氏抬头，甄氏只得从命。她没有打扮，蓬头垢面，但由于她生得十分美貌，所以，依旧姿容动人。曹丕当下心动，不久，便迎娶了她。

　　甄氏是一个贤妻良母，知书达理，为人善良。曹丕登基称帝后，宫中佳丽无数，但甄氏没有一点儿嫉妒之心，只是安安心心做好自己的本分。

　　甄氏入宫不久，宫中发现一条绿蛇，口吐信子，却不伤人。宫人想杀了它，它却迅速游走，再也找不到踪影。甄氏效仿此蛇的模样，发明了灵蛇髻。高高盘起，仙韵飘飘。

▼《洛神赋图》中，女子挽着高髻

▲《洛神赋图》中，女子长裙系飘带

曹丕对任皇后不满，觉得任皇后太过急躁，不够顺从，想要赶走任皇后。甄氏急忙劝阻，再三述说不妥。曹丕不听，还是废掉了任皇后。

曹丕喜新厌旧，对甄氏的感情没有维持多久。他又新娶一郭氏女，立为皇后。

甄氏十分失落，有了怨言。曹丕大怒，命其自尽。

甄氏心中凄凉，只能自尽。曹丕恨她有怨言，让人将她的头发挡住面容，口中还塞满糟糠，惨不忍睹。

曹植是曹丕的弟弟，他仰慕甄氏，几乎到了日思夜想的地步。他听说曹丕赐死了甄氏后，悲愤不平。

一日，他路过洛水，想起甄氏，恍若见到了她。他有感而发，为她作了一文——《洛神赋》。

后来，大画家顾恺之依据《洛神赋》，画出了名垂千古的《洛神赋图》，生动地展示了这段历史，也形象地展示了服饰文化。

诗中和图中人物衣袂飘飘，宛若仙子，就像在水上走，飘忽不定。

在魏晋之前，衣服之领有3层，衣襟下摆长而宽大，走起路来特别飘逸；到了魏晋，变成了上宽下窄，而且层层叠叠，腰部还有数条类似腰带的饰物，更好地体现了人体之美。《洛神赋图》中，洛神的着装就是如此。

这和当时的风气相符。时人向往相貌美好、身材高挑、皮肤皎洁。为了显出高身材，女子多穿拖曳长裙，穿上细下宽的衣服，在视觉上给人一种腿长的效果。同时，她们

都挽高髻，增加高度。如危髻，歪歪地倚在头上，就像大鹏展翅欲飞的模样，让人感觉情怀无限，惹人遐想。

▲《洛神赋图》中，女子长裙系飘带

扩展阅读

明朝男子戴网巾，用黑色细绳、马尾棕丝或头发编结；上面束于顶发，下面用总绳拴紧，名为"一统山河"或"一统天和"。但在正式场合，还是要加戴其他巾冠。

◎ 薛夜来与晓霞妆

薛夜来容貌甚美，是魏文帝曹丕宠爱的妃子。她原名薛灵芸，魏文帝见她不仅容貌美，而且擅长晚上做针绣，便给她改名"夜来"。

薛夜来的确是一个刺绣大师，她在宫中重重的帷幔里，不点蜡烛，照样可以在黑暗中制衣；而且，针针不错，堪称"针神"。魏文帝所穿的衣服，都由她缝制。如果不是她亲手所缝的衣服，魏文帝坚决不穿。

薛夜来深悉魏文帝的喜好，能够投其所好，其他妃子效仿不来。薛夜来知道魏文帝喜欢迷迭香，便苦练这种花纹样式。

▲古人装香粉的金粉盒

有一次，魏文帝不小心将衣服刮破了，想要遗弃。薛夜来不舍，默默拾起来，在刮破处，绣上巧妙的花纹。这相当于现代的精工织补，天衣无缝。魏文帝看了之后，又是惊讶，又无限感动。

魏文帝更加宠爱薛夜来，念及薛夜来的思乡之情，便在宫中为她修建了九华台，让她可以登高望见自己的家乡；还修建了流香池，池中遍植荷花，他与薛夜来泛舟水上，消遣时日。

▲明朝青花胭脂盒

有一天傍晚，魏文帝在屏风后读诗。薛夜来来了，因灯光昏暗，她不觉撞到屏风上，把脸撞伤了。由于她很白皙，伤处的红痕，若晓霞将散。魏文帝望之，煞是好看。

自此，晓霞妆出现了。宫中人都用胭脂仿画晓霞妆。

其实，胭脂很常见，宫女可以自己制作。制作的过程，颇为精细，极有诗意。

在红蓝花盛开之时，取其花朵，将其捣烂，装入袋内；取草木灰，利用它的碱性，将红蓝花的红色素溶解，绞干汁水，反复3次，这个过程叫做"揉花"；然后，将袋中物放入瓮内，待到凌晨，再捣；晾干后制成饼状。

这便是胭脂了。

为了达到晓霞妆的效果，有些女子还会在胭脂中加入牛髓、猪胰等，使其变成油膏，搽脸时，有稠密感、润滑感。

配合胭脂使用的，还有香粉、口红等。

◀图中仕女涂着红红的胭脂，霞色鲜艳

香粉包括铅粉和米粉。制作铅粉时，先取铅，将其融化，放入容器，加入醋；1斤铅粉约需2两豆粉、4两蛤粉；充分混合后，在下面垫香灰、宣纸，制成瓦形，便可敷面了。

铅粉可让皮肤光洁无比，但如果长期使用，会让人面色发青。因此，宫中更偏爱米粉。米粉用米制成。先将淘米水反复浸泡，使浑水变清；淘出米粉，浸入冷水；待其发臭后，继续浸泡；然后研磨，成浆后，晾干；再研磨成粉末。

在米粉中加入香料，会泛出阵阵香气。

🎴 扩展阅读 🎴

宋朝手工业发达，服饰极为奢侈，这让皇帝深感不安，下令除诰命夫人外，余皆禁止用贵重的黄金、珍珠等装饰衣物；自中宫以下，不得销金、贴金、金线捻丝等。

◎美丽的男人

男子作女子打扮，描眉画眼，艳妆丽服，从春秋战国时就有，汉朝时，已经很多见。

西汉末年，有一支叛军队伍，叛军的将领们就"多著绣面衣、锦裤"，身着女子华服，仿照女子的修饰，花团锦簇，香飘四溢。

东汉时，权臣梁冀手握重权，处处胁迫皇帝。一向低调的大臣李固挺身而出，努力保护皇帝。皇帝只有8岁，却很聪明，不堪受制，称梁冀为"跋扈将军"。梁冀恼怒，让人在皇帝吃的饼中下毒。皇帝吃后感觉胸腹胀痛，急派人去叫李固。李固赶到后，皇帝挣扎着说，是吃了煮饼的缘故，如果有水喝，还可勉强活命。然而，梁冀不给水喝。李固来不及做什么，皇帝就死了。李固悲痛欲绝，坚持要追查死因。梁冀开始诽谤李固。而梁冀诽谤的理由，就是服饰。

▲《捣练图》，练是指白绢，白绢可制间色裙

梁冀污蔑李固，说皇帝出殡时，大家都在失声痛哭，只有李固精心修饰自己，用胡粉抹脸，搔首弄姿，摆弄造型，招招摇摇。

李固就这样受到了陷害。

这也说明，当时的男人女态已经屡见不鲜。

到了魏晋南北朝时，男子服丽衣、饰美容，更加兴盛，体现了人人都追求美的态度。

曹操崇尚节俭，但也爱打扮。他经常身披一种轻便的小衫，花纹华丽，还随身携带着一个小器皿，可以装巾帕等小物件，相当于一个精致的小提包。

　　曹操的儿子曹植，是个浪漫的诗人，更注重外貌。哪怕是在酷热的夏天，但凡有客前来，他都要精心打扮、涂脂抹粉，之后才去待客。

　　杨阜是一个很著名的将领，他本来出身于文官，可他有勇有谋，在战场上也表现出色，是个文武兼备的人才。他的过人之处还不止于此，他还敢于直言进谏。

　　有一次，曹操的堂弟曹洪在战争中获胜，大摆宴席，犒劳部下。席间，曹洪让乐伎穿着一种特别透明的丝织物来击鼓助兴。杨阜见状，强烈反对。

　　他说，自古男女有别，况且，现在还是庆贺之时，如果让女子几乎裸身在此，岂不类似于当初的商纣王之乱。

　　话说完后，杨阜愤然起身，拂袖离去。

　　曹洪是曹操的亲戚和爱将，无人敢得罪。而杨阜却敢当面斥责他，可见其耿直程度。

　　杨阜不仅责备曹洪，就连皇帝也敢触犯。

　　魏明帝曹叡登基后，注重仪表的美丽。总是喜欢标新立异，穿一些奇特的衣服。杨阜时任关内侯，有一天，他看到魏明帝又穿着奇怪的衣服招摇过市，颇为不满。

　　他停下来，质问魏明帝，皇上这是遵行的什么礼仪呢？

◀《古代人物图》中，男子头上插花

魏明帝一听，面色羞赧，深觉惭愧，慌忙低下头，不说话。自此以后，魏明帝如果要见杨阜，一定穿着礼法所规定的衣服。

尽管如此，魏明帝对美的追求，并未停止。他还很关注美男子。

何晏就格外俊美，而且才华横溢。何晏像女子一样梳妆打扮。他的皮肤很白，无人可比，穿上艳丽服饰后，仿若仙人。

魏明帝对何晏的白皙脸色一直很疑惑，他觉得何晏一定是涂了厚厚的粉。

为了验证这种猜测，魏明帝专门在一个大热天召何晏前来，然后，心怀鬼胎地赐给何晏一碗滚烫的热汤面。

何晏不敢不吃，只能埋头大吃。由于是夏天，又是热面，何晏吃得满头大汗，只好用衣袖擦汗。

擦完汗后，魏明帝再一瞧，发现何晏的脸竟然比平常还要白。

这下，魏明帝终于相信了，何晏的白皙是天生的，不是搽粉搽多了的缘故。

"傅粉何郎"的典故，由此而来，用以形容人的面容白嫩。

热衷美，讲求美，是对生命的重视、珍爱与欣赏。与先秦古板的制度化服饰相比，此时的服饰之风是开放的，发展的。

扩展阅读

魏晋南北朝流行"间色裙"。书法家王献之去见羊欣，羊欣穿着白绢裙午睡。王献之在裙上写下几幅字后离去。羊欣得此，书法大进。白绢裙即间色裙。青赤白黑黄为正色，由正色调成的颜色为间色。

◎马钧改革织机

马钧是三国时候的人，他出身于贫困家庭，身有残疾，从小就口齿不太利索，结结巴巴。但他勤学，喜欢钻研，善于思考问题。

他长期生活在社会底层，对劳动者使用的工具非常留意。

通过勤学苦练，马钧成为了机械大师。时人都赞誉他、仰慕他，朝廷遇到机械难题，也常请他解决。可是，大概是由于他结巴，不能很好地表达，所以，他一生都没有得到重用。

马钧并不气馁，他把心思放在为百姓排忧解难上。当时，织机还很落后，古人费两个月时间，才能织成一匹花绫，累得满头大汗。马钧想解决这个问题，便对织机进行了改造。

这种织机最早有120个踏具，在使用时，下面要用脚踩，上面用手工编织，手脚并用，效率极低。后来，虽然简化成了50~60个踏板，可依然很费事。

马钧看到这些踏板，再三琢磨，如何才能把它们简化，既省时又省力。怎么办呢？

马钧仔细思索后，又进行了实验，终于设计出一款新的织机。他把50个踏板，简化为只有12个踏板，操作很方便，

▼纺织图中，织机精致而奇妙

大大提高了效率。

与之前相比，新机器织出的花纹更耐看，且变化万千，适合不断提升的审美需要。

这种新式织机的诞生，具有重大的意义。它推动了古代纺织工业的发展，也把百姓从繁重的织布生涯中解脱了出来。

扩展阅读

腰线，应用到服饰中，便成了辫线袄子。也就是说，在袄子的腰间，密密地打出细折，不计其数。元朝军人尤其热爱这种服饰，因为在腰部做辫线，便于束腰骑射。

◎五石散带动飘逸之风

竹林七贤中的刘伶，嗜酒如命。由于时刻都有醉死的可能，他还让人抬着棺材随行。有时候，他什么衣服都不穿，就那么一丝不挂。

有一次，有人忍受不住了，讥讽他赤身裸体。他振振有词地说："我是有大志向之人，以天为被，以地为床，以屋为衣裤，你们这般平庸小辈，硬要钻到我的裤裆里来，当真是自取其辱。"

刘伶代表了魏晋名士的风范。在穿衣服时，他们都喜欢穿宽松的衣服，行走起来，风灌其中，格外飘逸。但衣服长期不洗，爬满了虱子。他们常做的一个动作，就是逮虱子，动作娴熟，旁人学不来。

他们之所以追求闲散、自由、旷达，是因为战争此起彼伏，他们的才学无以致用，这样做是为了排解苦闷。

魏晋名士孤芳自赏，不食人间烟火，放荡不羁，言语狂放。这里面，还有五石散在起作用。

服用五石散作为一种社会风气，绵延了500多年。五石散药性燥热，服用后，不能躺在家里，必须要出门行走，要不停地散步。于是，名士们都要去"行散"，去快步行走，当走出一身汗后，才能使药性发挥殆尽。

◀图为陶渊明画像，他的宽袍大袖显示了魏晋的服饰之风

▲《消夏图》中，人物服饰宽松
随意

由于药物的作用，他们的行为不受控制，出现了种种癫狂的举动，如口出狂言、傲慢无礼、赤膊赤腿等。有的人甚至发狂到了用剑挥砍苍蝇的地步。

快步行走可以发散药性，喝一点儿温酒，也能让药性发散掉。因此，名士们几乎每每好喝酒。

桓玄被贬后，被派去把守边关。有一天，王忱服用了五石散，又喝了点儿酒，然后，装作疯疯癫癫，当面辱骂桓玄。桓玄想，他服用了药物，若与他计较，反倒麻烦，便不与他计较，反而给他开解。这样一来，王忱不便继续侮辱，而桓玄则保全了自己的好名声、好风度。

服过五石散后，全身会热得难受，所以，只能选择比较宽松、肥大的衣服；衣服的质地要轻薄，不能厚实，否则就不能散热；皮肤和衣服的摩擦，还会导致身体不舒服，刺激心理更加急躁。

所以说，魏晋名士的衣袖宽大，除了展现飘逸之风外，也是不得已而为之。

竹林七贤的肥大衣服，都是粗制滥造的，他们还都头发蓬乱，脏兮兮的。但因为他们是名士，所以，许多人还

是效仿他们，竟逐渐演变成了一种社会风潮。到了最后，许多人都披头散发，袒胸露背，行动怪异。

竹林七贤之一的阮咸更为怪异。一个节日，家家户户都依照节俗晾晒衣服。他家里穷困，看见邻居晾衣绳上晾着绫罗绸缎，自己的晾衣绳上光秃秃的，便将自己的大裤头高高地悬挂起来。

边文礼也不拘礼节，去见朝廷命官时，穿衣颠倒，没顺序。

至于谢遏，他去见丞相时，竟然连鞋袜都不穿，光着脚板就去了，而且，只穿着内衣。

王羲之名气大，很多人要选他为女婿。这些人来见王羲之时，只见王羲之光着腹部，露着肚脐，躺在家里的床上，毫无礼法。可是，他竟然还被选中了，不可谓不奇。

在那个时代，名士们明知五石散对身体不好，还要服用，是因为他们不愿在乱世失去节义和情操，宁愿服药麻醉自己。在竹林七贤中，服药的3个人最后都死了。

⌘ 扩展阅读 ⌘

元朝时，朝廷为了垄断纹样，不许民间缎匹绣制五爪双角缠身龙、五爪双角云袖襕、五爪双角答子、五爪双角六花裥等；就连佛像、西天字等，也禁止百姓绣制。

◎不戴假发，就是违法

假发是在什么时候出现的呢？

是在春秋时。

鲁国国君鲁哀公出城时，在城外偶然见到一女子，头发特别漂亮。他非常羡慕，心想，自己的夫人要是也有这样美丽的头发，那该有多好啊。

鲁哀公便派人去剪下那女子的头发。之后，他留下那个瑟瑟发抖的女子，自己返回宫中，让人给夫人制作了一顶假发，名字叫"副"。

夫人戴上"副"后，的确光彩四溢。

假发自此出现了。

假发传到汉朝时，还只是在贵族阶层中使用。直到魏晋南北朝时，才在平民百姓中流行起来。

陶侃家境贫寒，有一次，他家里来了客人。陶侃的母亲因为家穷，拿不出酒菜招待客人，便偷偷地将自己的头发剪掉，卖给别人做假发，以此换来酒钱。

客人知道后，又内疚，又感动，不住地感叹，有这样的母亲，她的儿子一定也会有出息。

▲青铜乐伎，挽有高髻，高髻多用假发撑垫

果然不错，陶侃因为母亲落发一事，深受触动，发奋图强，最终取得了很大的成就。

魏晋南北朝时期，是假发的黄金时代。公主及宫中女子必须戴假发，若在出席重大场合时不戴假发，就是有违法制。这种假发的用发量很大，不能一直戴着，戴完后，要精心放置。

民间女子的假发，虽然不太华贵，但因为寻常而比较

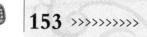

亲切，叫做"缓鬓倾髻"。

后来，假发样式越来越多，而且越来越新奇，出现了多种发式，如飞髻、危髻、邪髻、偏髻等。有一些女子还效仿西域人，用假发垫出丫髻、螺髻等。

除了用人的毛发制作假发外，假发中，还使用了木制品、纸制品，垫在发中，外面还涂有花纹，非常精美。

扩展阅读

唐朝时，西域有稀世香料，传到中原后，唐玄宗赐给了杨贵妃。杨贵妃将其放入丝囊中，佩在身上，行止坐卧，遍体异香。久而久之，香囊成为了一种时尚的饰物。

◎走到日本的木鞋子

谢灵运是中国山水诗的鼻祖，他的诗，意境高远，对后世影响较大。

他才华横溢，颇具抱负，想去朝廷做官，参与朝政大事。可是，皇帝每次召见他，都只是谈论诗词而已，并不重用他。

谢灵运郁郁不得志，他便寄情山水，以此排遣愁思。

在游山玩水时，他为了行走方便，发明了一种鞋子。这就是木屐，前后都有齿，上山有前齿固定脚下，下山有后齿固定脚下，爬山非常方便。

木屐由于是他发明的，又叫"谢公屐"。

谢灵运发明的木屐，还有一个神奇的地方：底部的齿，是活动的，可随意安装上去，或拆卸下来，大为方便。

木屐被发明后，谢灵运经常穿着它，邀请朋友遍访河山。

谢灵运49岁时，受到一事牵连，朝廷说他犯有叛逆罪，判他死刑，可谓是英年早逝。

▶《六逸图卷》中，人物手持木屐

　　木屐的主人去了，木屐却流行起来。这与地理天气有关。南方地面湿滑，酷暑难当，而木屐用木头或竹子制成，耗费低廉，赤脚穿上，却很凉快。晚上走路，还有声音，不便于行苟且之事。

　　贵族们都以穿木屐为荣，有的甚至还加高了跟部，成为了高跟木屐。

　　平底的木屐，叫"平底屐"；用竹制成的木屐，叫"竹屐"；屐上用了棕丝，叫"棕屐"。男子多穿黑色的木屐，女子多穿彩色的木屐。

　　军队中也穿木屐。行军时，经常要走山路。山间长满了蒺藜、藤蔓，穿一般的鞋子会扎伤脚，对行军速度造成影响。于是，士兵都在鞋子外面套上平底屐，这样便保护了脚，行军速度也大大提升。

　　女子木屐的前头，为圆形；男子木屐的前头，为方形。谓之男女有别。

　　木屐在中国，只是平常穿着，正式场合不能穿，否则会被认为不合礼数。木屐传到日本后，大受欢迎，竟然成为了国服的一部分。

扩展阅读

　　古代男孩在额角留胎发，叫兆；女孩在额中央留胎发，叫鬌；统称"留孩发"。"留孩"与"刘海"的古音相同，于是刘海便问世了。成年女子让额发下垂，便有了"时髦"这个词。

◎《女史箴图》的头面风光

顾恺之是东晋著名的画家，他和大司马桓玄交情不错。

有一天，桓玄给顾恺之拿了一片树叶，对顾恺之说，这是一片神叶，可以用来藏身；如果把它贴在额头上，别人就看不见你了。

顾恺之听后，高高兴兴地将树叶贴在自己的额头上。

这时，桓玄当着他的面撒尿。他不以为然，他以为桓玄已经看不见他了。

有一年春天，顾恺之有事要出门。他将自己的画作放在一个柜子里，用纸封住，交给桓玄保管。

桓玄趁他出门时，将柜子打开，将画取出后，再依样封好。顾恺之回来后，桓玄将空柜子交给他，没有多说什么。

顾恺之发现画没了，自叹道，原来我的画作有灵气，化仙飞走了。

▲金凤钗，凤脚踏祥云，轻盈灵动

▼镶宝玉花金钗

顾恺之痴得可爱，也实在得可爱。有一天晚上，他在自家院子里对着月空作诗。住在隔壁的谢瞻听到后，觉得不错，就赞美了他几句。他深受鼓舞，作了一首又一首，没完没了。

谢瞻困得要命，又不好意思打扰他的兴致，便找了个会做诗的下人代替他，自己去睡觉了。

虽然换了人，诗风也变了，可顾恺之浑然不觉，依然与对方互相吟诗，直到天亮才去睡觉。

顾恺之将他的痴迷，带入画作，画出了许多绝世精品。

城中刚建成一个瓦官寺，穷困不堪，无人资助。顾恺之得知后，表示自己捐百万钱。由于他一向清贫，别人都以为他在开玩笑。顾恺之全然不理，他搬进寺庙，吃住在寺庙，一共待了一个多月。期间，他完成了一幅画，是关

▲《女史箴图》中，人物头戴花冠、步摇

于维摩诘的。

　　顾恺之告诉僧人，这幅画已经作好了，第一天来观看的人，要向寺庙捐10万钱；第二天来观看的人，要捐5万钱；第三天来观看的人，随便捐多少钱就可以了。

　　僧人遵照嘱咐，展示了寺庙墙壁上的维摩诘巨像。只见画像熠熠生辉，寺庙焕然一新，前来观看的人络绎不绝，一会儿就将寺庙挤满了。没多久，就筹集了上百万的钱财。众人这才恍悟，顾恺之并没有说大话。

　　顾恺之最著名的画是《女史箴图》。"女史"，是指宫廷中的女官；"箴"，是劝告的意思。

　　画中，女子衣着艳丽，发饰甚是好看，钗子耀眼夺目。

　　钗，由两股簪子合在一块，呈刀叉状。在古代女性的饰物中，它占有重要地位，可以显示出一个人的身份。

　　钗用金银来打造，有花朵形的，有凤凰形的，目不暇接。有一种云朵形的金钗，正面雕刻着亭台、拱桥、大树，背面竟然还有诗歌。精巧程度，让人叹服。

　　钗也指女子，如金陵十二钗。

　　在钗的基础上，古人还发明了步摇。当女子在钗子上

▲《女史箴图》中梳发场面，一旁是梳妆盒

▲《女史箴图》中，女子梳着云髻

加装饰品后，步摇就产生了。步摇能增添走路的韵律感，可谓一步一摇，别有一番风情。

最早的步摇，都是以动物为形状，像虎、熊等。最高等的步摇，只有皇后可以佩戴，而且是在宗庙祭祀时才能佩戴。这种步摇，多饰以凤，有珠帘垂下，走路之间，可见翡翠的光影流动。

后来，花状的步摇，逐渐取代了鸟兽步摇。玉石步摇也逐渐增多。

到了清朝，步摇演化成了流苏，更美丽、更优雅、更窈窕了。

今天的发夹，它的前身，就是钗。

扩展阅读

清朝女子多梳"叉子头"，即"两把头"、"把儿头"；还把头发梳得扁平，名"一字头"，后配以牌楼式装饰。这种装饰用绸缎制成，套在头上，插上花朵，名"大拉翅"或"旗头"。

◎ "贱服"成时尚

魏文帝曹丕在继位前，嗜好打猎。每次出猎，他都穿着裤褶。

裤褶，是一种从匈奴传过来的服装。上衣齐膝，有宽大的袖子；下身是肥肥的裤子。一看上去，就比较随意、粗莽，有草野之风。

匈奴人用粗糙的毛布制成裤褶。这不是因为他们没有丝绸，每年，朝廷都赐给他们不少丝织品，但他们是游牧民族，善于骑射，穿丝绸太不方便。所以，他们用粗布制成短上衣，无论骑马还是劳作，都很利索。

汉人对裤褶很好奇，也开始穿。地位低下的汉人，会直接把裤子露在外面，有时连上衣都不穿。

贵族也很受吸引，但为了显示身份，还要在裤褶外面，加上一件丝绸袍子。

按照礼制，贵族外出时，不能穿短上衣和裤子。因此，当曹丕穿着裤褶打猎时，引起了众议。很多人都劝诫曹丕，不要穿这种蛮夷贱服，有失身份。

曹丕并不辩解，默默听着，但听过就算了，依然我行我素。

与南北朝刘宋的皇帝刘昱相比，曹丕显然望尘莫及了。

刘昱不仅喜欢穿裤褶，而且，把穿裤褶作为一种常服，把龙袍等撇到一边去。

刘昱此人，性情比较懒惰，为人残暴，跟在他身边的侍从常常携带刀斧。他们每每施起刑来，残忍不堪，让人咋舌。刘昱每天都会杀掉几十个犯人，以折磨人为乐。如果行刑手面露不忍之色，也会被杀掉。有一次，刘昱闻到侍从孙超的口中有大蒜味，为了证明孙超真的吃过大蒜，刘昱命人抓住孙超，让他站直，用刀剖开他的肚子，看里

▲唐朝时的西域人形象

▼图中西域人的服饰，被视为贱服

面是不是有大蒜，真是灭绝人性。

朝野上下无不对刘昱怨恨有加，可刘昱不以为然。他还是常常半夜出去游逛，清晨返回。他身为皇帝，却穿着裤褶，不戴冠饰，看起来像个乡野村夫。这样就使他干起坏事来没有任何妨碍，非常方便。他让侍从们拎着大木棒，见人见物就打，以至于他出行的道路两边，都空空如也。也因此他为自己招来了杀身之祸，被杀时，只有15岁。

裤褶被中原称为贱服，但到了后魏时，朝臣们竟然在上朝时都穿着它了。

越来越多的贵族男女，也开始穿裤褶。只不过，他们用名贵的锦绣制作裤褶，使贱服变成了华贵之服。

裤褶的历史，代表了中原和少数民族的文化融合，对服饰文化的发展有积极的意义。

扩展阅读

服饰的流行也有兴衰。清朝郑板桥说："不可趋风气，如扬州人学京师穿衣戴帽，才赶得上，他又变了。"此乃脱俗之见。但世上不能免俗者居多，所以，盲目追求流行将不会终止。

◎孝文帝一怒为服饰

拓跋宏登基为帝时，只有5岁。他的父亲还不到20岁，之所以把皇位传给他并非情愿，而是迫于冯太后的压力。

拓跋宏就这样成了北魏历史上的孝文帝。

虽然他只有5岁，却极谙世事。在接替皇位时，他哭得稀里哗啦。他父亲问他为什么哭。他回答道："让我接替父亲的位置，我感到心里难过。"

一个5岁的小童，能够说出这样的话，可见他心理极其成熟。

冯太后听到，心生疑虑，觉得这父子俩都不愿服从她的摆布。不久，冯太后设计毒死了孝文帝的父亲，然后对孝文帝严加防范。

宫里有个太监，善于看风使舵，他看到太后当政，便借机煽风点火，挑拨是非。冯太后不明真相，大为愤怒，把皇帝召来，对皇帝用刑，打了皇帝几十板子。

孝文帝的屁股鲜血横流，可他没有哭闹，也不为自己辩解一句。因为他知道，他如果哭闹辩解，就会激起怨愤，让众人觉得冯太后阴险毒辣。

尽管如此，冯太后还是担心孝文帝不受控制。她想来想去，决定饿死皇帝。

冯太后将孝文帝关起来，幽闭在一个冰冷的屋子里。时值严冬，

▼南北朝石刻，上有双鬟髻，两裆衫，笏头履

天寒地冻，寒气四起，冯太后不给皇帝棉被，也不让他吃饭。

大臣们再三劝解。其中，有一个大臣与冯太后关系密切。这位大臣很正直，再三劝谏，终于使冯太后动摇，将孝文帝放了出来。

孝文帝被饿了3天，被抱出来时，面色苍白，四肢僵硬。

可是，孝文帝并不恼怒，一如既往地孝敬冯太后。孝文帝从小由冯太后抚养，对她很有感情，所以，并不记恨她。

▼汉化的胡服，显示了文化的交融

冯太后是一个雄才大略的女政治家。她的政治决策，使北魏走向了繁荣昌盛。冯太后死后，孝文帝悲痛欲绝，甚至绝食。他感激冯太后对他的教育，也完全继承了冯太后的政治主张。

北魏是鲜卑人创造的政权，冯太后意识到鲜卑人的落后之处，大力推崇汉文化。孝文帝秉承了这一点，也推行汉文化，其中，就有关于汉服的政策。

北魏迁都洛阳后，孝文帝要求鲜卑人都改说汉语，穿汉服。可是，鲜卑人对汉文化很排斥，不愿听从。有一天，孝文帝从城外回来，看到城里的鲜卑女子还有穿胡服小襦袄的，顿时大怒。

孝文帝把负责国政的官员召来，兴师问罪。官员说，穿鲜卑服的人，比穿汉服的人少。

孝文帝更生气了，气势汹汹地说，这话倒怪，难道要一城的人都穿胡服才算多！

可见他改行汉制的急迫与决心。

后来，孝文帝出兵南齐，让太子拓跋恂在洛阳留守。

夏天炎热，洛阳又很潮湿，让人格外难受。太子忍耐不住，脱下了汉服，又开始穿起了胡服，把孝文帝的教训抛到了脑后。

上有所好，下必效仿，原本就抵触汉文化的鲜卑人见状，便都穿起了胡服。有的人还穿起了不带袖子的上衣——裲裆。

裲裆，在先秦时就有人穿。因为它很凉快，相当于现代的背心。到了冬天，还可以做成夹层，里面塞上棉花，用以取暖。孝文帝时，它演变成一种便服。

太子为图凉快、放纵，穿上了胡服。这实际上阻碍了汉文化的传播。他心里也很害怕。这时，一些保守的鲜卑势力开始怂恿他，让他背叛孝文帝，起兵叛乱。

然而，太子还未及行动，已经有人向孝文帝通风报信。孝文帝又气又恨，派人赐太子毒酒，让太子自尽。这个因为穿衣服的问题而死的少年，只有15岁。

在北魏，胡服这下子绝迹了。不过，裲裆并没有消失。它流传到后代，发展成了半袖。宋朝人和清朝人都很追捧它。著名的《清明上河图》中，也有穿它的人，它还是很受欢迎的。

扩展阅读

明朝女子的发式，低矮尖巧，变化不多，几十年才能出一两个花样。但是，她们都爱戴头箍、发冠，上面的饰物极为华丽耀眼，装饰性极强，金碧辉煌，耀人眼目。

◎茹茹公主的帽子

东魏建立时，边境处，有个北方少数民族柔然。东魏为扩张版图，想拉拢柔然，便与柔然联姻。

东魏的丞相高欢，掌控着朝政。高欢的第九个儿子高湛，年仅8岁，而柔然王的孙女——茹茹公主，年仅5岁。这两个小娃娃，在大人的摆弄下，进行了联姻。

这样一门出于政治目的的娃娃亲，办得非常隆重豪华。迎亲的队伍宏大壮观，最前面是击鼓手，中间是佩剑的将士，后面是戴风帽的仪仗队，再往后是头上扎巾的侍从，再后面是戴小冠的武士，再后面还是武士，最后一队为骑兵。

茹茹公主到了中原后，与高湛都是幼年儿童，在一起玩耍时很开心。

时间一晃就过去了，茹茹公主成为少女后，与高湛的感情更加亲密。然而，就在这时，茹茹公主却病倒了。

最好的医生被请来给她治病，却也无力回天，束手无策。

茹茹就这样死了，年仅13岁。

葬礼也办得相当隆重，墓中到处都是金饰壁画。上面还有茹茹公主的画像，她的头上戴冠彰显着很高的地位。

其他的画像中，也有很多戴冠者，有的戴着合欢帽，有的戴着白纱帽，都是魏晋时很时髦的式样。

魏晋南北朝时，男子为社会主导。首服，象征着权力。因此，戴冠的人，一般以男子居多。女性中，只有茹茹公主这样的贵族女子才能佩戴。

在中原，直到秦朝，才有女子戴冠。但在中原以外，少数民族中，女子戴冠的非常多。元朝的蒙古女子，还戴姑姑冠。

▲茹茹公主墓中人俑，头戴冠帽

　　姑姑冠非常奇特，用桦皮制成，高2尺左右。戴上它，相当于在脑袋上顶着一个树枝编织物或树皮制品。姑姑冠的顶上，还插着一根细长的金棒，或银棒、木棒，有的也插一枝孔雀毛或野鸭毛。当女子们骑马走过草原时，她们就像头戴盔、手执矛的士兵。

扩展阅读

　　北宋与少数民族打仗时，中原人与女真人发生大融合。中原人模仿女真人的发式，束发垂胸，称为"女真妆"。这种妆容最初在宫里出现，后来流行全国，风靡一时。

第五章
隋唐五代，衣冠风流

　　隋唐时期，国势强盛。尤其唐朝，时尚开放，服饰发展更为迅猛。服饰礼制更加细化、严谨。但种种禁令阻挡不住服饰的翻新和突破，不仅样式更加丰富，风格更加大胆，面料更加新奇，装饰也更加奢侈。男女人物个个都风流俊逸，皇帝的禁令成为一纸空文。

◎《衣服令》横空出世

　　北周的皇帝病重时，大臣杨坚等人为了操控朝政，假传圣旨，对外宣布，以杨坚为托孤大臣，辅佐8岁的周静帝。

　　就这样，杨坚神不知鬼不觉地把军政大权夺了过来。世人信以为真。

▲《步辇图》中，唐太宗戴着幞头

　　杨坚位高权重后，依然不安心，他觉得5位宗室亲王们对他虎视眈眈，会威胁到他的地位。于是，他又利用假诏书，将亲王们召回长安，没收了他们的兵权。

　　这一下可惹恼了5位亲王，他们设下一计，想要杀死杨坚。

　　他们请杨坚去赴宴，其实就是一场鸿门宴。杨坚没在意，但他的侍从意识到这是一场阴谋，带着杨坚逃了出来。

　　杨坚冷汗淋漓，给亲王们编织罪名，把他们都杀了。

　　到了隔年的正月，杨坚想自己做皇帝了。他逼迫周静帝写了禅位诏书，送到他的府上。周静帝不敢不写，写后急忙送去。杨坚接了诏书，假意推让一番后，如愿当上了皇帝。

　　这时的杨坚40岁，史称隋文帝。

　　他刚开始执政时，生活简朴，制定了许多很好的制度。他还下了《衣服令》：宫中的妃子不能过于修饰；普通士人多用布帛，可以铜铁、动物骨头为饰，节省金玉。

　　由于他过于节俭，有一天，他想用胡粉，遍寻不到。他想用织成的衣领，把整个宫殿都翻遍了，也没有找到。

▲由幞头发展而来的乌纱帽

这种作风，使百姓的负担得以大大减轻。

改朝换代后，唐朝依然奉行《衣服令》。《衣服令》中，规定了皇帝的十四服；还规定，皇帝只能戴两种帽子，一种叫通天冠，一种叫翼善冠。

翼善冠，沿袭古制，形如幞头。什么是幞头呢？

用布包住头发，或用丝带束发，就是幞头。文官戴展脚幞头，武官戴交脚幞头。幞头多用青黑色的纱，所以，也叫乌纱帽。

《步辇图》中的唐太宗，就戴着幞头，和大臣们一样。

唐太宗喜欢穿黄袍。但唐玄宗不喜欢黄袍，他常穿绛红色的袍子。

有一天，唐玄宗召大诗人李白入宫作诗，以便他配曲。李白不想去，装醉。唐玄宗没办法，便许诺，若作好曲，可赐貂豹锦袍。李白听后，马上"酒醒"，迅即入宫，提笔写诗。

唐玄宗连赞好诗，但并不赐袍。因为他只是说说而已，是戏耍李白。李白不干，他见唐玄宗不想给，就一把抢了过来。唐玄宗哈哈大笑，赐给了他。

日本的使者来到长安后，认真学习唐朝文化，还把《衣服令》也带回了日本。

日本模仿唐朝的礼制，将衣冠都严格地按等级划分，分出了礼服、朝服、制服；朝服中，冠帽也按等级区分。因为制服是普通公务人员的穿戴，所以，都按照行业分类。

扩展阅读

服饰流行与时代心理有关。唐朝后期，女子常梳"抛家髻"。这是因为战乱导致了家眷离散，家破人亡。宋朝女子则把鞋底以二色合成，名"错到底"，表达对时局的不满。

◎画错服饰是大事吗

阎立本是闻名天下的画家，尤以人物写真见长。从他笔下出来的人物，个个神采飞扬，活灵活现。

李世民为秦王时，阎立本就为秦王府画像；李世民做皇帝后，他又为开国功臣画像。

他的画，逼真到什么程度呢？

一言以蔽之，就是：画中之人，与真人很难分辨。

当真是惟妙惟肖，整个京城都为之震动。

有一天，阎立本画了一幅《昭君出塞图》。然而，就是这幅画，让他招致了非议。

原来，阎立本在画昭君时，在服饰上出了纰漏。王昭君是汉朝人，她下嫁匈奴时，女子戴的帷帽还没有问世。帷帽是在隋朝时出现的。而阎立本却给王昭君画上了帷帽。

身为绘画大家，却给历史人物"穿"上了不合时宜的服饰，这让人议论纷纷，对阎立本产生了质疑。这当真是一种遗憾。

画错了服饰，是一件很大的事吗？

对于影响历史的画家来说，这的确是一件大事。因为

▼《明妃出塞图卷》，明妃即王昭君

服饰中蕴含着各种时代信息，若服饰有误，就会起到误导作用。而画作本身，也会失去借鉴和参考的史实意义。

到了清朝时，还有人犯了阎立本所犯的错误。

一个画家在画《西施浣纱图》时，把西施画得满头珠宝，浑身锦绣。

这是与当时的背景完全不相符的，因为西施那时候还没有到吴国，她只是一个普通的村姑，根本没有那么华贵。所以，这位画家也遭到了批评。

服饰是具有时代性的，由此可见一斑。

扩展阅读

公孙大娘是唐朝人，擅长剑器舞。她在跳舞时，不穿纱罗，而穿军装。如诗中所说："楼下公孙昔擅场，空教女子爱军装。"由她而始，这种舞蹈军装也成了时尚。

◎半裸的菩萨

唐朝盛世，经济发达，生活水平提高。酒足饭饱之余，唐朝人的审美观也发生变化，不再以瘦为美，而转为以肥胖为美。

于是，"秀骨清像，潇洒飘逸"的魏晋风度，变成了"豪华大度，丰腴典丽"的大唐风姿。

这样的审美观，弥漫到各个方面，在艺术作品中也有体现。比如敦煌石窟中，菩萨们个个圆润无比，面相丰盈，衣着也非常华丽。而且，身材婀娜，前胸裸露，曲线窈窕，十分丰腴，搭配着透明的薄纱，一派春水荡漾。

▼裸露着上身的菩萨

其实，裸身露体的菩萨，早在魏晋时就有了。就连寺庙中，佛教徒披着袈裟，也裸露着一肩一臂。

这样的袒服，是从海外引进来的。起初，中原的服饰文化很抵触这种风格，江州刺史何无忌还与佛教大师慧远展开了辩论。

何无忌说，佛教中人半裸着身体，与严谨的儒家文化不匹配，与传统服饰文化也相违背，不雅。

慧远大师不认可，说，佛教是从印度传过来的，当然与华夏礼制不同，要学会入乡随俗，既然学习人家的东西，就要遵从人家的礼制。

到唐朝时，经济富庶，风气开放，个性自由，匠人在开凿菩萨像时，把菩萨按照正常的人体比例开凿，头束高髻，戴有花冠，长眉入

鬟，丰满莹润。

有的菩萨，身体婀娜得几近扭曲，一波三折，像个"S"形。

有的匠人，还模仿杨贵妃的体态，开凿了"丰腴腻体"、"曲眉丰颊"的菩萨。菩萨变得珠光宝气、富丽堂皇。

菩萨原本是男子，经过唐朝人这样一摆弄，菩萨全都女性化了。哪怕嘴唇上还画着胡子，身态也犹如女子，而且，还光着上身，腰上系着艳丽的裙子，挂满璎珞、钏镯、流苏等。

敦煌的这些胖乎乎的菩萨，充分显示了唐朝的强盛、雄浑和富丽。

扩展阅读

罗和縠，轻盈柔软，有"云罗雾縠"之称。穿着它们跳舞，错杂飘曳，会形成"回雪"之象。如白居易所描写的："飘然旋转回雪轻，嫣然纵送游龙惊。小垂手后柳无力，斜曳裾时云欲生。"

◎额间的花瓣

在古代妆容中，花钿是一个新奇的突破。

南北朝时，宋国有个寿阳公主，活泼可人。一个冬日，她和宫女们在庭中嬉戏。一时，她感到有些累了，便斜躺在榻上休息。一阵轻风掠过，裹挟着沁人心脾的香气，院中的腊梅花瓣随风纷纷飘落。

有片花瓣，正好落在寿阳公主的额头上，显得公主更如同花朵般娇艳。

皇后刚进来，一眼瞅见，心中喜悦，便让寿阳公主将花瓣就贴在额头上，等过3天后再洗掉。

寿阳公主依言。3天后，腊梅花瓣的印痕，清晰地显现在她的额间，甚是好看。

这便是最早的梅花妆。

此后，在额上或面上贴以花瓣饰物，便作为一种新风潮，逐渐流行开来。这种饰物，就是花钿。

简单的花钿，有梅花形，或小圆点；复杂的花钿，有重瓣花朵，有牛角，有扇面，甚至还有楼台。

绸缎、金银箔片、彩色光纸、云母片、鱼骨等，都能剪成花钿。

也有用蜻蜓翅膀制成花钿的。宫人们举着网蹑手蹑脚地捕捉蜻蜓，然后，在蜻蜓翅膀上用描金笔涂色，再制成小折枝花。

更有人用翠鸟的羽毛制成翠钿，都有惊人的美。

将花钿贴上额间的胶，与现在的不干胶有点像。胶由鱼鳔制成。使用时，只需轻呵气，沾取少量唾液，就可以粘贴了。卸妆时，用热水轻轻敷一下即可。

武则天登基后，有了男宠。有一天，武则天注意到，上官婉儿与一个男宠发生了感情，这让她很生气。在进膳

时，武则天怀揣一把匕首，待上官婉儿伺候她碗箸时，她突然掏出匕首，刺向上官婉儿的脸。

顿时，上官婉儿的额头一片鲜血。武则天面无表情，起身走了。

接着，上官婉儿被关入了大牢，被判以黥刑。黥刑，是源自远古的墨刑，用利器刺脸，施用于犯有死罪又不杀的人；它不仅是身体的处罚，更是一种差辱。因为它是永恒的印记，让世人一见便知这是个罪人。

然而，黥刑没有毁掉上官婉儿的美貌。在行刑时，上官婉儿请求行刑者，在她的额头用朱色刺青。行刑后，她的额间出现了红色疤痕。她便用箔纸剪成梅花状，绘以图案，贴在额间。

当她被释放，再次出现在众人面前时，美丽依然，更增魅力。宫人纷纷模仿，不仅在额上贴花钿，连脸部、手臂等，也都贴上了。

额黄，也是一种额妆。就是在额间涂以黄粉。

李商隐诗云："何处拂胸资粉蝶，几时额黄藉蜂黄。"

温庭筠诗云："黄印额山轻为尘"，"柳风吹尽眉间黄。"

可见，额黄有"粉蝶蜂黄"之美。

▲仕女图中，人物额间饰有梅花

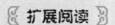

白居易被贬为江州司马时，两袖清风，穷寒不堪，连起码的布料都不足，衣衫破旧。他的好友元稹千里迢迢给他寄来绿丝布料，白居易才得以做成衣服，感动不已。

◎地宫中的绝世之美

李仙蕙名不惊人，墓却惊人——她的墓，是历史上唯一一个被称为"陵"的墓。而"陵"，是只有皇帝才可享有的尊称。

李仙蕙究竟如何特殊，才享有这种特权呢？

李仙蕙是武则天的孙女，获封为永泰郡主，死时年仅17岁。她的死，极为惨烈，与武则天有关。

李仙蕙15岁时，嫁给武则天的侄孙，也就是武延基。婚后，两人感情很好。时值武则天的宠臣张易之兄弟掌权，皇室成员为讨好张氏兄弟，鞍前马后地服侍他们，甚至纡尊降贵地为他们牵马挥鞭。武延基20岁出头，热血沸腾，看到这种谄媚的情形，相当不满，在言语中，不慎流露了出来。

此话被张氏兄弟的耳目偷听到，报告给了张氏兄弟。张氏兄弟又去武则天跟前歪曲事实大进谗言。武则天气愤

▼永泰公主陵中壁画，宫女披帔

▼永泰公主棺椁上的仕女图，左一女子身穿"半臂"

◀永泰公主陵中壁画，人物皆穿襦裙

不堪，不经调查，下令赐死武延基。

　　李仙蕙受到牵连，也被赐死。死状悲惨，令人凄然。

　　4年后，武则天驾崩，李氏兄弟受到严惩，李仙蕙的父亲登基为帝，是为唐中宗。唐中宗想起女儿死得那样悲惨，心如刀绞，便追封李仙蕙为永泰公主，将她的坟墓称为"陵"，与帝王规格相当。

　　永泰公主的地宫，建造豪华，金碧辉煌，光彩夺目。从墓道到墓室，两边的墙壁上都是五彩纷呈的壁画，画有宫廷仪仗队、宫女图等。

　　在棺椁上，还雕刻着15幅仕女图。

　　仕女们要么窃窃私语，要么低首倾听，要么东张西望，要么在花间穿行。

　　她们的穿着，也是缤纷各异，有的穿着帔，有的穿着裙，有的穿着男装。

　　她们的神态也各不一样，有的在赏诗，有的在赏花。

　　各色人等都衣着华丽，神采飞扬，姿态各异，煞是好看，真实地再现了宫廷内景。

　　最吸引人的，还有半臂。

　　半臂，也叫半袖，短袖、对襟、齐腰，堪称服饰史上的突破。

　　半臂是男女通服。可穿在短襦外，恰似背心；可穿在内，外罩襦袄袍衫。

半臂以锦缎制成。蹙金绣半臂，是唐朝服饰的一朵奇葩。

它用捻金线缝制。每米蚕丝线上，要缠绕金丝3 000转。捻金线的直径平均仅有0.1毫米，最细处只有0.06毫米。

当今世界上，最细的捻金线，其直径也只能达到0.2毫米。与唐朝捻金线比起来相形见绌。而唐朝人是怎么弄出那么细的捻金线的，至今还是一个谜。

扩展阅读

联珠纹，是织物纹饰上的一个创新，是唐朝人发明的。它就是一些连着的珠纹，组成一个圆环，环内有成对的鸭、鸳鸯、鹿等。这是吸收了波斯纹样后改进的图纹。

◎裘皮是"服妖"

裘皮大衣，向来名贵。但它不是现代才有的衣服，而是在3 000多年前就风行了。

周朝时，大夫们大都穿毳衣，也就是毛呢大衣；有红色，有青色，作为公服，非常神气。毳衣，就来源于兽皮。

连皮带毛的衣服，古称"裘"。裘，毛向外。

制裘的人，叫"鲍人"、"韦氏"、"裘氏"；此外，朝廷还有司裘的官职，专管制裘这点事儿。

皇帝穿的裘，是狐裘；侍卫穿的裘，是虎裘、狼裘；士以下的人穿的裘，是羊裘。

白色的狐裘最珍贵，它要取狐狸腋下的一点儿白色毛皮，然后剪接拼制，十分难得、罕见。

裘皮很稀罕，一些人就用韦革来制裘。远观之，也是一样的洁白；近看它，平整熨帖，不会看到线头；触摸它，特别柔软光滑，贴在脸上很舒服。

但韦革不可多次浆洗，否则会越来越硬，穿到身上就像纸壳。

它有一个好处，不需要经常抹油；若过度抹油，它会变软，就像抹布。

貂裘也很名贵。它可区别穷人和富人。穿羊裘的一定是穷人，穿貂裘的一定是富人。

不过，如果貂毛中有所掺杂，价值就比不上一件纯狐裘了。

裘和其他服饰一样，都代表各自的等级。如果胡乱穿裘，会引起公愤，并予弹劾。

制裘，就要杀生。杀生，就不符合仁政思想。于是，许多朝代都曾下达限杀令。

服饰史上，最华贵的裘衣出现在唐朝。它是一条百鸟

裙，主人是安乐公主。

这件百鸟毛裙，用多种鸟的羽毛捻成线、捻成丝，织绣而成；正面看，是一种颜色，反面看，又是一种颜色；在太阳底下看，是一种颜色；在影子中看，又是一种颜色。从不同的角度，各成一色，是绝世之衣。

百鸟裙一出现，全国的人都向它看齐。这样一来，野生动物便遭殃了。史书上记载道："山林奇禽异兽，搜山满谷，扫地无遗。"

百鸟裙是织绣史上的奇迹。但是，由于它的问世，导致了大量动物的死亡，因此，被批评为服妖。

唐朝灭亡后，捕杀鸟兽之风还在延续。尤其是，古人还要取胎鹿皮。也就是说，要猎杀有孕的母鹿；母鹿体内，有尚在妊娠阶段的幼鹿；剥幼鹿之皮，可制帽。这也意味着，要想获得一张

▲在古代少数民族区域，为了御寒，多着兽皮服饰

胎鹿皮，就要杀死一对鹿母子。非常地残忍且又奢侈。

宋朝皇帝很不高兴，下令，臣庶之家不得采捕鹿胎，制造冠子；谁若捕杀翠鸟谁就将受到严惩。

当边境地区向皇帝进献珍贵鸟羽，他全部用火烧掉，以示立法的强硬。

由于皇帝的努力，裘衣逐渐少了。到了清朝时，只有权贵才准许穿貂服。而且，只有亲王、大臣才能穿貂、猞

狥狋服；只有在职官员才能穿狐皮衣；只有士子才能戴貂皮帽、着貂皮领；只有良人才能戴染色鼠狐帽；至于獭皮、黄鼠皮帽，谁爱穿谁穿没人管。

扩展阅读

先秦时，古人会把皮和毛分开，用去了毛的皮，制成革，给士兵穿；用毛制成粗衣，为"褐"，给贫苦人穿。把毛剔得很精细，就是"毳"，这是跟游牧民族学来的。

◎脚上风光

靴子是鞋的一种，它的出现，意义重大。

为什么呢？

原因是，中原最初并没有靴子。赵武灵王看到胡人穿靴后，意识到靴子对军事的作用——方便骑射，便力排众议，引进了靴子。如此，赵国的作战能力大增，很快便成为战国七雄之一。

可以说，靴子与古代军事史息息相关。

最开始，都是军靴；然后，皇帝和大臣们也开始穿靴；后来，平民也爱上靴子了。

礼制规定，士兵穿绿、青或白色靴子，奴婢、侍从穿红、青色靴子。

隋唐时的靴子遍地皆是。帝王贵族穿黄袍子，搭配乌皮六合靴。六合靴用皮革制成，缝了6道，所以叫六合靴。

唐朝的靴子筒口宽，可放书信、小武器等，相当于现代人的口袋。

李白在翰林院任职时，一天，唐玄宗带着杨贵妃赏牡丹花，想召他入宫写几首诗。李白喝了酒，迷迷糊糊，但诗意未减，当即写下3首旷世绝句。唐玄宗和杨贵妃非常高兴，心情大悦。

一看到皇帝笑不拢嘴，李白有点儿得意忘形了。加上他本来就很清高，不把权贵放在眼里。因此，他倚卧着，竟然叫高力士帮他脱掉靴子。

高力士权势极大，见李白如此蔑视他，他内心愤恨。但当着皇帝的面，他又不好拒绝，只好去给李白脱靴了。

高力士忌恨在心，总想找机会对李白实施报复。他想了一个主意，便跑去跟杨贵妃说，李白那日作诗，其实是

▲奇特的雕花金缕鞋

▲清朝高底鞋实物

▲《浴马图》中，左侧人物穿的靴子非常精美

成心羞辱你，因为他在诗中竟然把你跟赵飞燕对比；赵飞燕是什么东西？出身低贱，只知谄媚！

　　杨贵妃听了，愤怒不已。当唐玄宗想对李白委以重任时，都被杨贵妃从旁制止了。

　　李白一生不得志，与这靴子是有关的。

　　除了靴子，唐朝官员也穿皮制鞋子、丝织鞋、草鞋、木鞋。平民多穿麻线编的鞋。

　　窦乂是扶风人，他很有生意头脑。他想，集市上有很多人都在买麻鞋，既然如此，那么，相应的，破麻鞋肯定也有很多。

　　他便发动一群小童，到处去捡被人扔掉的破麻鞋；每个小童捡来3双破麻鞋就能换走1双新麻鞋。

　　之后，他则将旧麻鞋收集到一起，全部捣烂，然后，将其制成一万多根"法烛"。法烛，可以代替柴禾点火。他将法烛卖出去，狠狠地捞了一大笔。

　　麻鞋还有鞋带，绑在脚上不会掉。

　　除了麻鞋，草鞋也很普遍。有个叫朱桃椎的人，才华横溢，朝廷几次召他入朝为官，他几次都不言语，默默不答。当朝廷催促甚急时，他便隐入山中与世俗隔绝开来。他采集野草，编成很多草鞋，随意地放到路边，然后离开。有人路过时，觉得草鞋很好，便把鞋拿走，把一些米留下。等他回来时，他便把米取走了。就这样，草鞋从未丢失过。

元朝时，搭配鞋子，还出现了护膝，保护膝盖不受冻。

明朝时，还发展出了高跟鞋，高4.5厘米，极奢华，鞋跟都包裹着丝绸。

清朝时，高底鞋也受到欢迎。有一种花盆底鞋，鞋跟是木头制的，高3寸多，也很奢华，鞋跟用白细布或白绫包裹，有的还涂白粉，称为"粉底"。

扩展阅读

绫锦院、内染院、裁造院、文绣院，都是宋朝的纺织机构。每一个场院都规模巨大，有工匠1 000多人，几百张织机。其织造及印染技术，突破了前代。

◎眉中乾坤

　　杨贵妃受到唐玄宗的专宠时，把她的3个姐姐也都带入京城，时时面圣。唐玄宗很开心，称她们为"姨"，赐以住房，加以封号，分别为虢国夫人、韩国夫人和秦国夫人。

　　这三位夫人，由于身份特殊，出入宫廷自如随意，权力极大，连公主都不敢与她们分庭抗礼。

　　每一年，唐玄宗还要赏赐给她们无数的钱财，光是脂粉钱就数不胜数。

　　她们之间还互相攀比，竞买宅地。如果看到有人比自己的住宅华丽，立即将自家住宅掀倒重建，所耗用的土木钱物甚是惊人。由于工程量大，工匠们日夜不息地劳作，都忙不过来。虢国夫人最为奢侈，她花掉的钱难以计数。

　　当她们出入时，所走过的道上，到处都是散落的金银珠宝，发上的簪钗随处掉落。脂粉香更是香飘几十里地。

　　大画家张萱画了一幅《虢国夫人游春图》，再现了那种

▼《虢国夫人游春图》中，虢国夫人画着蛾眉

▼唐朝仕女图中，仕女画着桂叶眉

奢靡情景。

　　画中，虢国夫人穿着淡青色的上衣，披着白色的帔，下穿红裙，裙下还露出红色的绣鞋。她双手握着缰绳，拿着马鞭，脸庞红润，娥眉淡扫。

　　虢国夫人的眉妆，几乎一直是淡淡的娥眉。这是因为唐玄宗颇喜此眉。

　　如张祜所云："虢国夫人承主恩，平明骑马入宫门。却嫌脂粉污颜色，淡扫娥眉朝至尊。"

　　唐朝是历史上眉式最多的一个朝代。有人曾作《十眉图》，此十眉是：鸳鸯眉、小山眉、五岳眉、三峰眉、垂珠眉、月棱眉、分梢眉、涵烟眉、拂云眉、倒晕眉。

　　还有柳叶眉——"依旧桃花面，频低柳叶眉"；还有却月眉——"娟娟却月眉，新鬟学鸦飞"；还有桂叶眉——"添眉桂叶浓"。

　　前二者，是细眉；后者，是阔眉，眉短而宽。阔眉中，还有八字眉式。

　　虢国夫人的娥眉，属于细眉，符合唐玄宗的审美观，所以很受宠爱。

　　但虢国夫人的好运并不长久。

　　当安史之乱爆发后，杨贵妃被迫自尽，虢国夫人逃出长安，逃进一片竹林。一个县令看到了她，穷追不舍。她想到自己难以脱逃后便杀掉其子，也想自尽而死。岂料，自刎未遂，却被县令追上。

　　她并不惊惶，毫无惧色，从容地问县令是何人。

　　县令不理她，将她抓捕。

　　她因自尽时留下了伤口，没有药物敷治，流血过多，血凝于喉，窒息而死。

　　画眉之风，并不因时尚人物之死而终结。到了唐穆宗时，还出现了眉式创新。一种血晕妆出现了。

　　也就是说，将眉毛刮掉，涂以紫红色，就好像受了伤

一样。

　　不过，血晕妆有些血腥气，唐文宗看不惯，把它废除了。

扩展阅读

　　唐朝规定，五品以上的官员，佩"蹀躞七事"：算袋、刀子、砺石、契苾真、哕厥、针筒、火石袋。蹀躞，就是北方少数民族的带饰，在宽腰带上，垂挂短小窄带。

◎唐朝的"红粉女郎"

到了唐朝，化妆变得隆重了，复杂了。有红妆、有黄妆、有眉妆、有花钿妆、有靥妆、有斜红、有淡妆，等等。

红妆，最常见。化妆时，先施粉，然后涂上胭脂。可以浓一点儿，也可以淡一点儿；浓的叫"酒晕妆"，淡的叫"桃花妆"。

昔日流行的"晓霞妆"，在唐朝属于晚妆。

杨贵妃喜欢红妆。她体胖，怕热，到了夏天，她虽然穿得少，丫环们拼命地给她扇风，但她依然大汗直冒。她还喜欢跳一种胡旋舞。这种舞蹈的动作比较激烈，更容易出汗。由于她脸上画的是红妆，所以，她流下的汗，也是红色的，把丝巾都染红了。

▼前额画上梅花，成为古代女子的装扮

宫女们的面色，也是桃红一片。在洗脸时，脸盆里的水都是红红的。

文人们因此创造了一个词——"红粉女郎"；他们还把丝巾称为——"红汗巾"。

酷暑时节，唐朝女子会取少量的"心红"——一种朱砂，混杂其他的石粉、轻粉、麝香等，研磨成细末；然后，用白粉进行调和，使之形成一种粉饼，呈肉色；用其涂抹面上、身上，可以止痒，防暑。

这就是现今的"痱子粉"的前身。

黄妆，就是用黄粉来敷面。黄粉，又名鸦黄。诗词中多提到它，如，"学画鸦黄半未成"；再如，"片片行云着蝉鬓，纤纤初月上鸦黄"。

一般，只有宫廷中的人才会化这种妆。黄妆要求女子的肤色很白、很嫩，否则会越画越丑。

黄妆是在辽朝时盛行起来的。当时的女子称

它为"佛妆"。她们在画这种妆容时，在冬天画，一直不洗，等到春天再洗。由于时间很长，不经风雨侵蚀、日光暴晒，所以，肌肤洁白如玉。

佛妆的原料是天然的、环保的，由栝楼等植物提取，有明显的增白作用。

唐朝女子中，地位高的梳高鬟，地位低的梳低鬟。侍女梳双鬟，也就是把头发梳在两边，像个枝丫。"丫鬟"的称呼，也是由此而来。

由于宫中遍视一片高髻，高耸入云，而且，发髻一个比一个大，这让唐高祖李渊很纳闷。

他不明白，干吗要把头发都梳那么高、那么大，好像要冲天而起似的。

他实在觉得很奇怪。有一天，他再也忍不住了，好奇地问身边的大臣令狐德棻，这是要干什么呀？怎么会有这样的风气？

令狐德棻面无表情地回答，头是身体上最重要的部位，把头上的发髻梳得高点儿，没什么可奇怪的。

皇帝还是疑惑，但觉得无聊便不再问了。

到了唐文宗时，唐文宗难以容忍，他明确要求，"禁高髻、险妆、去眉、开额"。

圣旨一下，女子皆噤然。然而，噤然归噤然，却没人听从，照旧我行我素。

◀贴着花黄，梳着丫髻的唐朝仕女

▲唐朝凤纹梳妆铜镜

皇帝见无人理睬他的禁令，无可奈何，只能眼睁睁地看着。

女子们打扮的劲头儿一日比一日足。她们挽出的高髻，不断地花样翻新，有朝云髻、凌虚髻、归秦髻、愁来髻、翻荷髻、同心髻、乐游髻、花髻、凤髻、慵来髻等。

花髻，在魏晋南北朝时就有人梳了。发髻就像花朵，完全绽放，特别美丽。

翻荷髻，恰似两片荷叶在头上展开，又似大象的耳朵，轻盈而大气。

在各种发髻上，插着各种饰物，有簪、钗、珠、翠、鲜花等；前两种可固定发型。

手臂上的饰物，有钏，也就是镯子。唐朝人把它叫做"跳脱"。

唐宣宗曾做了一首诗，用到"金步摇"这3个字。他想做个对句，但找不到合适的词与之对应。他很苦恼，便召温庭筠续诗。温庭筠几乎是脱口而出，对出了"玉跳脱"3个字。简直是天合之句。

> ### 扩展阅读
>
> 　　唐朝有个宫女，入宫时打扮时髦，白居易描写她"小头鞋履窄衣裳，青黛点眉眉细长。"但杨贵妃嫉妒她，偷偷把她发配到荒僻的上阳宫，她在45年中都未见皇帝一面。

◎簪花有多美

周昉身为节度使，却以绘画名闻天下。他乐于学习，肯钻研，画技非凡。皇帝修建章敬寺时也请他画神像。

周昉谦逊虚心，他将神像画出来后，放置在寺院，让人参观，提出意见。之后，他收集、综合各种意见，然后修改画作。

大概过了一个月。当他再次展出画作时，没有一个人不连声称赞。

不过，寺庙神像并不是周昉画得最好的作品，《簪花仕女图》才是他的代表作。

《簪花仕女图》看似简单勾勒，却气质天成。图中，共有5名仕女、1名侍者。她们眉目晕染，袒胸相向，身披薄纱，闲适得很。有4个人的头上，分别戴有牡丹花、荷花、海棠花及芍药花，都是贵妇装扮。

簪花，早在原始时代就屡见不鲜了。

原始人依赖植物，崇拜植物，用植物来装饰自己，既含有宗教意识，又能吸引异性。新石器时代的古人，最喜

▲《簪花仕女图》局部，女子头戴硕大的花朵

◀《簪花仕女图》局部，左一女子头戴人工所制的牡丹

欢玫瑰花，把玫瑰纹作为图腾，刻在崖壁上。

花与信仰联系在一起，拥有了深邃的文化内涵；簪花，成为一种庄重行为，一种崇高行为。

汉朝人簪花，春天簪牡丹、桃花、杏花等；夏天簪石榴、茉莉等；秋天簪菊花、秋葵等。菊花最受偏爱。

簪花风行，促进了假花行业的诞生。绢花出现了。在《簪花仕女图》中，仕女所簪的牡丹，就是绢花，栩栩如生，但比真花大气、典雅，显得人格外优雅、高贵。

唐朝以后，簪花依旧盛行。皇帝也簪花，大臣也簪花，一个比一个美。

南宋官员张功甫，甚至还举办了一

▲壁画上的仕女，满头鲜花

个"牡丹会"，探讨乐伎簪花与服饰颜色的问题。会上定下规矩：若穿白衣，就簪红牡丹；若穿紫衣，就簪白牡丹；若穿鹅黄衣，就簪紫牡丹；若穿红衣，就簪黄牡丹。

这种搭配方法，有一定的科学性，放到现在仍有很强的借鉴意义。

清朝时，不少人开始以种植鲜花为专职。女子在6月就能戴上木槿花，而这种花一般是在8月才盛开的，这说明植物种植技术也提升了。这是簪花带来的积极影响。

扩展阅读

唐制规定，奴婢等地位低下的女子，只能穿"青碧"色衣裳。后来，"青衣"便指婢女；戏剧中的女旦角，也因此称为"青衣"。至于地位高的女子，则"服红罗裙襦"。

◎面短而肥，裙阔而肥

唐朝女子穿着花哨，但基本服饰只有3样：裙、衫、帔。帔，是穿在裙衫外面的，又称披帛。

益州士人曹柳家境较好，他妻子穿着美艳，常常是一袭黄裙，五彩之衫，罗红之帔，走起路来，犹如花枝摇曳。

家境普通的女子，也穿这3样，只是质地朴素，颜色平淡。

无论身份贵贱，女子们在穿衣时，都要将衫的下摆，扎到裙腰里；裙腰束得很高，留出的下摆宽而长；裙腰上，束以纱带，带垂身前，飘逸招摇。孟浩然的《春情》中，有一句是"坐时衣带萦纤草，行即裙裾扫落梅"，就是描写这种裙的。

武则天成为女皇之后，风气更加开放。到处都是拖尾极长的裙子。踏青时节，长安城的女士们像一朵朵流云，群聚到野外，遇到有花丛的地方席地而卧，美如仙境。

武则天本人还设计了一款长裙，裙角缀着小铃铛，行走间，叮咚作响。

▲壁画上的女子，穿着唐朝流行的红石榴裙

唐朝追求美艳，裙色多选为深红、绛紫、草绿、月青等。

杨贵妃最喜欢黄裙。这种裙色，是用郁金香花染成的，鲜艳耀眼，裙摆还散发着花朵的芬芳。诗人李商隐还为此

▲唐朝陶俑，人物梳着奇特的双鬟，神情静美

▼半裸着胸部的唐朝宫装

作诗一首，其中有一句就是"折腰争舞郁金裙"。

郁金裙并不是最流行的，石榴红裙才最有风头，所谓"红裙妒杀石榴花"。石榴裙在明朝时还成为女子的别称。

按照白居易诗中所说——"风流薄梳洗，时世宽妆束"，"面短而肥"是唐朝女子的终极追求。与此同时，"风姿以健美丰硕为尚"，衣裙式样也盛行起了"幅多肥阔"。

襦裙，是服饰发展的巅峰之作。它从窄小变得宽大，从保守变得开放，袒胸大袖出现了。

这时的裙衫，多由绮罗制成。绮罗轻薄、透明，可以窥见人体。而且，几乎所有的女子都半裸着胸部，诗人们眼花缭乱，忙不迭地写下了诗句，有的写——"慢束罗裙半露胸"；有的写——"胸前瑞雪灯斜照"；有的写——"粉胸半掩疑晴雪"，反映了唐朝女子思想解放的风貌。

出于肥阔之风的审美，裙幅格外宽大。裙幅，就是裙的褶，也叫"破"，有几幅、几褶，就是几破。隋朝时，有过12破的裙子。唐朝初年，有过12破以上的裥色衣，还有6破以上的浑色衣。唐朝中后期，一般的裙幅就有5破、6破，甚至7~8破。

这样一来，一件裙所需的绫罗绸缎就多得令人咋舌。

唐文宗注意到了，他感觉过于奢靡和浪费，颇为反感。

有一天，他去咸泰殿，看到延安公主正在那里观看花灯。延安公主穿着肥大的衣裙，摇摇摆摆。他立刻气不打一处来，当即斥退公主。这还不算，他又下旨，把公主的夫君——倒霉的驸马，罚扣了两个月的俸禄。

他还另外拟了一道圣旨，规定各位公主及天下妇人，不得广插钗梳；穿裙不能超过5破；裙子曳地不得超过3寸；流亡在外的人或被贬为庶人的人，不得穿绫等。

可是，无论是公主还是普通妇人，都充耳不闻，好像没听到。

唐朝的服饰等级制度，制定得颇为森严。比如，规定

平民不得穿朱色、紫色、绯色的衣服；地位低贱的部曲、客女、奴婢，只能穿黄色或白色。

可是，真正执行起来，却很马虎。无论什么人，都敢穿各种颜色的衣服。即便是在朝堂上，爱美的官员们，也常常"借服"、"借色"，突破了颜色的限制，使得等级观念淡薄了。

这是让皇帝们头疼的事，也显示了唐朝个性解放的特征。

扩展阅读

唐朝曾流行一种胡妆——"乌膏注唇唇似泥，双眉画作八字低"。白居易认为不好看，特作此诗句。这种胡妆昙花一现，在盲目流行一时后，就彻底地消失在服饰发展史中。

◎妃子穿男装

太平公主是唐高宗和武则天的女儿，她喜欢女扮男装。

一日，太平公主突如其来地穿上男人的衣服，跑到父母面前，顽皮地跳舞，惹得父母大笑不已。

她是公主，没人敢大加责备。另外，唐朝风气不守旧，对女子穿着的管理不那么严格。

到了唐武宗时，就连后宫的嫔妃都敢穿男装了。

唐武宗的后妃中，有个王才人，她不仅能唱会跳，而且非常机敏，富有才智。王才人早年就跟随在唐武宗身边，帮他出主意，直到他当上皇帝，是个有功之人。

王才人个子很高，健康结实，飒爽英武。每次唐武宗到苑囿打猎，一定要她在一旁陪伴。此时的王才人，就穿着男装，与唐武宗一起骑马射箭。在旁围观的人，根本分不清马上的人哪个是唐武宗哪个是王才人。

按照古代的服饰制度，任何人都不能穿得跟皇帝一样。可是，这条禁令到了王才人这里，却不起作用了。唐武宗允许她穿与自己的一样的衣服。

王才人地位尊贵，受宠深重，唐武宗还想立她为皇后。大臣们不同意并强烈反对，原因是王才人无子，出身微贱，不足以母仪天下；另外，王才人好男装，恐有野心，干涉朝政。

唐武宗拗不过大臣，只好作罢，但他内心怀怨，此后再也不立皇后。其实，这也是变相地承认了王才人的位置。她在后宫中的实际地位，仍旧是最高的，相当于皇后。

唐武宗患病后，王才人衣带不解，日夜陪伴侍奉。但无济于事，唐武宗病势沉重，逐渐说不出话了。

临终前，不知唐武宗是太爱王才人了，还是王才人的男装也让他略感不安，害怕她会有所僭越干涉朝政，他便

嫦周姜京室之婦

孝事周姜
太任文王之母孝事
同姜詩人頌之曰思
齊太姒文王之母思
嫦周姜京室之婦

▲女扮男装自古就有，左一女子便穿着男装

死死地盯着王才人看，努力想说话，但说不出。

王才人流了泪，发下誓言，愿跟皇上同行。

唐武宗终于吐出一个字：好。

他闭上眼，安心地逝去了。

王才人将金银珠宝都赐给身边的人，然后自尽而死。其他嫔妃虽然嫉妒她的专宠，却也感动于她的忠诚。至于大臣们，则松了一口气，完全放宽了心。

王才人之死与女子穿男装有关。

其实，早在春秋战国时，女子就有穿男装的。但也受到了批判，被认为有违世风，不符合儒家思想中的男女有别观念。至于平民中混乱穿衣的现象则获得了谅解。因为平民穷苦，有的人家只有一条裤子，不轮流穿的话，就要光着身子，所以，就不讲究什么男女有别了。

王才人的时代，虽然世风解放，但儒家思想依旧是主流，所以，她在没有背景和倚仗的情况下，只能走向悲剧的结局。

> ### 扩展阅读
>
> 　　服色中，渗透着高低贵贱、世态炎凉。读书人在没有取得功名前，只准穿白色衣服，故称"白衣"、"白身"，意为人生际遇不佳；一旦做官，便换穿紫色、绯色官服。

◎粉妆里的国家尊严

唐朝边境受扰，回鹘与唐朝对峙，时常发生骚乱。

此前，回鹘多次要求与唐朝和亲，朝廷没有同意。原因是，如果下嫁公主，所需的费用极高，光是礼费就差不多要500万缗；而朝廷正在处理内政，没有那么多的资金。现在，看到回鹘骚扰日甚，皇帝便同意了和亲。

回鹘大悦。

5月，回鹘可汗派往长安众多使者来迎娶太和公主，场面盛大。

太和公主在7月离开都城长安，前往东北方向的太原。之后，她继续辗转，向振威、丰州出发。一直颠簸到了11月，总算到达了黄河。前面的路越发难走，不仅要涉水过河，还要穿越沙漠。

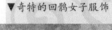

▼奇特的回鹘女子服饰

在沙漠中行进到一半时，回鹘可汗派骑兵赶到，要求太和公主换掉汉服，改穿回鹘人的衣服。

太和公主犹豫，不肯。

护卫大将军胡证坚决反对。胡证说，和亲要遵守汉制，不可更改。

气氛紧张，僵冷，令人不寒而栗。但胡证毫不退让。

这里面蕴含着一定的政治意义，如果改换回鹘服，就相当于辱没了唐朝的尊严。而回鹘为显示优势，极力想让公主换服。

双方进行了争辩，言语激烈。胡证寸步不让，坚持"守汉仪，黜夷法"。回鹘最终退下了。

▲壁画上的回鹘可汗

就这样，太和公主继续穿着汉服向前行进。

穿过风沙弥漫的大漠后，距离回鹘可汗的牙帐，只有百里地。这时，可汗又派人前来，要求太和公主走近路与可汗见面。

胡证又一次表示反对，坚持要走常规的大道，按照礼法奉行。

回鹘使者气恼地说："以前的和亲公主都这样做，为什么如今偏偏不行？"

胡证回答说："我奉皇帝之命，护送公主与可汗和亲，现在，我还没有见到可汗，怎能让公主先行？这岂不怪异？"

回鹘使者哑口无言，只得作罢。

到了第二年的正月，太和公主才正式到达回鹘大营。

公主被封为可汗的可敦。可敦是王妃的意思。

册封可敦时，太和公主先在楼上，面东而坐，由回鹘的公主向她传授回鹘礼仪。太和公主这才换掉唐朝的公主服饰，换上回鹘的服装。她由一个宫女扶着，面西而拜。之后，再换上可敦的服饰。可敦服饰，是茜色的通裾大襦，还有带着角一样的饰物的冠。然后，她走出毡帐，拜见可汗，与可汗并向东而坐，接受群臣的朝拜。至此，礼成。

太和公主建立了自己的牙帐后，胡证等人向她辞行。公主念及故乡、亲人，在帐中痛哭不已。

过了几年，可汗去世。其弟即位，公主又按照回鹘的婚俗，做了新可汗的可敦。后来，新可汗的侄子继位，公主继续做这个侄子的可敦。这个侄子短命，不久被杀，公主又做另一位新可汗的可敦。

就这样不停地改嫁，太和公主遭受摆布，最后又做了乌介可汗的可敦。

乌介是将太和公主抢去的，想以她来要挟唐朝，向唐朝索取物资。

乌介在沙漠里，将公主到处挟持，并在唐朝边境大肆抢掠。唐朝不堪忍受，派出军队，在半夜时分，偷袭乌介，并抢回了太和公主。

乌介落荒而逃后，唐军将领石雄将太和公主送到太原，禀告朝廷。

历史上，公主和亲的目的，是为了斡旋双方关系，使关系融洽。但太和公主和亲后，没有达到这个目的，唐武宗不满，写了一封书信责备太和公主。

太和公主凄凉酸楚。她被送到长安后来到宗庙，脱去盛服，拿掉簪珥，叩头谢罪。唐武宗念她流落大漠，确实不易，平息了怒火，接她入宫，册封为安定大长公主。

可是，由于太和公主的使命没有完成，回到宫中后，其他6位公主颇是冷落她，对她冷嘲热讽。唐武宗得知后，甚是震怒，下诏谴责6位公主，罚绢100匹，并将此过错记载于史书以儆后人。

扩展阅读

宋朝女子冬天穿袄，夏天穿衫。服饰的颜色，上淡下艳，上衣为绿色、紫色、银色、灰色、浅蓝等，很清秀；下裙为青色、碧色、绿色、蓝色、白色、杏黄等，很浓丽。

◎开衩的袍子

耶律倍和耶律德光，都是契丹国的皇子。他们的母亲，叫述律平。耶律倍是长子，本来应该继承皇位，可是，母亲偏爱耶律德光，逼迫耶律倍让位。

都是亲生儿子，述律平为什么不喜欢耶律倍呢？

原因是，耶律倍崇尚汉文化，对契丹制度很抵触。这令其强悍的母亲很愤怒。

在母亲的逼迫下，耶律倍只好对众位大臣说，耶律德光功德无量，理应由他来当皇帝。

他表示，愿意禅让。

他的母亲述律平很高兴，可是，还是有些不放心。

为了孤立耶律倍，述律平大肆诛杀耶律倍的支持者，逼他们为先帝殉葬。前前后后，一共杀了几百人之多，堪称血雨腥风。

在制造了血案后，述律平又召开贵族大会。她惺惺作态，将两个儿子叫到跟前，对各位贵族说，其实我也很难取舍，究竟由哪个儿子来做皇帝，还是由你们来决定吧。

▶图中人物穿着开衩的袍子，便于骑马

她告诉各位酋长，支持谁就握住谁的马辔头。

耶律倍的支持者已经被杀光了，自然无人去握他的马辔头，都去握耶律德光的马辔头。

于是，述律平便说，既然你们都支持耶律德光，我也只能顺从大家的意见了。

就这样，耶律德光当上了皇帝。

然而，世事叵测。后来，宫内发生政变，耶律德光被杀了。耶律倍带着几百个骑兵，穿着开衩的袍子，向中原的朝廷求救。

耶律倍的袍子，在先秦时就已出现。那时候，古人为适应季节，发明了单衣和复衣。单衣，没有里料；复衣，有夹层，天冷时，夹层中可续棉絮，这就是袍子。

袍子在演变中，逐渐加大加宽，唯袖口较窄。贵族女子出嫁时，就穿袍服；颜色多样，用12种颜色包边。

军士也穿袍。春秋时，楚国和宋国交战，宋国守卫严密，楚军一直攻不下来，楚庄公亲自去前线慰问，时值冬天，将士们都穿着袍，里面续有纩，也就是帛，能很好地御寒。

到了后唐时，袍非常普遍了。契丹等少数民族还制作出开衩的袍子，以适应骑马打仗。耶律倍所穿的袍子便是如此，显现了服饰的多变性。

扩展阅读

髡发，是契丹男子特有的发式。它是把头顶的头发大都剪光，只在两鬓或前额，留有余发。有人便在额前蓄一排短发，有人则把鬓发散在耳边，或把鬓发编成辫子。

◎历时最长的病态美

　　窅娘是金莲舞的创始人。金莲舞，就是站在一朵莲花状的台上跳舞，要求舞者身体轻盈，双脚极小，否则就无法跳出特色，无法引人入胜。

　　窅娘原为贫寒之女，以采莲为生。在16岁时，她被选入宫中，成为南唐后主李煜的妃子。

　　她瘦削如燕，发明了金莲舞，若莲花凌波，俯仰摇曳，优美至极。她在跳此舞时，顾盼生情，特别动人。李煜见她双眼大而深凹，便叫她"窅娘"。

　　她的脚，非常小。不是天生的，而是日夜用白帛裹足，硬生生地把脚缠小了，像新月一样弯曲。这显得她摇摇欲坠，飘飘可爱，讨得了李煜的欢心。

　　此后，女子裹足也走上了巅峰。

　　裹足最早始于五代，到了窅娘这时，脚越裹越小，有了三寸金莲之说。

　　这是一种生理上的摧残，是一种病态美，但却盛传了1 000多年，影响深远。

　　裹足时，先将第二、三、四、五个脚趾都裹住，留下拇指在外，使脚成三角形，拇指为足尖。等到脚趾全部变形，达到"小瘦尖弯香软正"的效果，再套上袜子，穿上小鞋，依靠拇指走路。起初，要由家人搀扶走路，慢慢便适应了。

　　弓鞋也因此而产生。这是一种头部尖尖的鞋子，有点像现在的芭蕾舞鞋。

　　随着女子年龄日增，体重增加，小脚很难支撑身体，女子便常常大门不出，二门不迈。

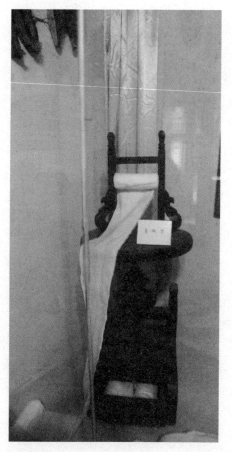

▶长长的裹脚布

这也成为标榜妇道的方式。

　　缠足与节操联系在一起，迎合了士大夫的封建心理。一些士大夫甚至创造了"金莲文化"，表现对缠足的支持和眷恋。

　　"衬玉罗悭，销金样窄，载不起盈盈一段春"；"忆金莲移换"；"似一钩新月"等诗句，就显示了当时的审美观。

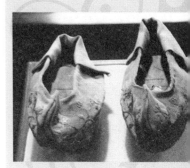

▲明朝"三寸金莲"

扩展阅读

　　琉璃酷似珠翠，但比珠翠便宜，南宋平民女子都以琉璃为饰。后来，南宋遭遇战乱，许多人饱受流徙之苦，于是有人认为，这都是琉璃惹的祸，因为"琉璃"谐音"流离"。

第六章
宋辽金元的别样风华

　　宋辽金元时期，各种政权交替出现，外来文化冲击猛烈，服饰风格大变。质孙服、霞帔、云肩等，从少数民族流传过来，长久地活跃在中原服饰文化中；神秘的缂丝技术日臻精细，成为服饰史上的不朽杰作。中国服饰文化走向了多元化的发展道路，奇异独特。

◎用霞帔进行暗算

李益在京都任职，他才华横溢，以诗文闻名天下。

他写过很多有关战争的诗篇，让曾经饱受战乱之苦的歌伎霍小玉深深感动。二人相谈甚深，互相倾慕，订下盟约，欲结百年之好。

近一年后，李益升为郑县主簿。在回故乡陇西探亲前，霍小玉颇是担心，害怕他会变心。李益发出誓言，绝不悔约。

二人依依话别，泪水潸然。

然而，李益回乡后，左思右想，觉得自己不能娶霍小玉，因为霍小玉终究是个风尘女子；他需要娶一个官宦人家的女儿，以便帮助自己仕途发展。

在这样的想法下，李益抛弃了霍小玉。霍小玉一病不起，悲痛欲绝。

时隔很久，一个偶然的机会，李益到京都去办理公务。不知哪一个人认出了他，便告诉众人，他就是始乱终弃的李益。

众人听了，大怒，强行将李益拉扯住，揪到霍小玉家门口。

霍小玉从病榻上挣扎而起去见李益。她当着李益的面，将一杯酒泼到地上，意思是覆水难收，情义不再。

之后，霍小玉颓然倒地含恨而死。

李益深深愧疚，他后来官至礼部尚书，但良心却始终未安。

世人愤愤不平，有人撰写了《霍小玉传》，记述了这个事件。书中再现了霍小玉的绝代风华——她穿着石榴裙，戴着红绿相间的霞帔袅娜如云。

霞帔，也是帔，只是它用轻薄的纱制成，上有图纹，

俨然烟霞。

最早的霞帔，是秦朝女子穿戴的。其时，已婚女子戴霞帔，未婚女子披帛。前者是披肩样式，较宽；后者是飘带样式，较窄。

霞帔是贵族女子的"专利"，因此，宋朝的后宫名号，还有叫"红霞帔"和"紫霞帔"的。如果皇帝喜欢上哪个宫女，就会先给她一个红霞帔或紫霞帔的名分，与一般的宫女区别开；如果这个宫女能够被继续宠幸，那么，就有可能被封为正式的嫔妃。

身为红霞帔、紫霞帔的宫女，没有品级，但一旦受宠，就可能升为正八品的"典字"或正九品的"掌字"，有的甚至升为正五品的"才人"。宋哲宗有许多妃子，其中一个姓韩，皇帝驾崩后，皇太后将她从正五品直接降成了红霞帔，被派去守陵。她就这样度过了凄惨的一生。红霞帔也因此成为了暗算的手段。

▲缀有流苏的霞帔

明朝的霞帔，俨如飘带，颜色绚丽，戴时绕在脖子上，挂在胸前。明朝对霞帔还有明确规定：一品职衔的人，戴金绣霞帔；二品职衔的人，戴金绣云肩大杂花霞帔；三品职衔的人，戴金绣大杂花

霞帔；四品职衔的人，戴小杂花霞帔；五品职衔的人，戴销金大杂花霞帔；六品和七品职衔的人，戴销金小杂花霞帔；八品和九品职衔的人，戴大红素罗霞帔。

清朝霞帔，宽阔，下有流苏，旖旎好看；但不是什么人都能戴，只有诰命夫人才能戴。

扩展阅读

宋朝有一项法规，不许百姓私自制作缎匹；即便允许制作，也不准在缎匹上交织金红丝，还要按照指定的标准制作；如果缎匹的长短不符合规定，那么就不准买卖。

◎ 戴11枚戒指的陈国公主

陈国公主16岁时，嫁给了比自己大18岁的舅舅萧绍矩。

这是一桩契丹贵族之间的婚姻，在古代，为保证血统纯正、财产不外流，近亲结婚被视为正常。

这也是一桩不幸的婚姻，它只存在了短短两年便夭折了。

陈国公主和舅舅双双而亡，公主只有18岁，至于死亡的原因，至今仍是个谜。

在陈国公主的墓冢中，公主和驸马分别平卧在棺椁中。驸马头枕金花银枕，身穿银丝网衣，脸覆金面具，脚穿金花银靴。公主头戴冠帽，耳垂珍珠琥珀，颈戴金链，腕饰金镯，手指上满是戒指，竟达11枚之多！

公主与驸马的服饰，具有明显的契丹特色。

契丹女子多穿"钩墩"，即一种裤袜；契丹男子多穿鞋靴，类似现在的长筒靴。在陈国公主墓中，就有这样的长靴，默默地述说着契丹文化。

▲陈国公主墓中出土的金冠

▲陈国公主墓中出土的錾花银靴

扩展阅读

孔子的学生子贡穿着天青色里衣，外罩白衣，去穷巷见老同学原宪。原宪戴着桦树皮做的冠，穿着没跟的鞋。子贡问，病了吗？原宪答，这是贫，不是病。子贡羞愧而走。

服饰的进化

◎大墓中的一对玉梳

秦桧担任丞相长达19年，对政坛产生极大影响。无数的冤假错案，在他手上诞生；无数的国家栋梁，在他手中殒灭；无数的书籍文献，在他手中消亡；更有广阔的疆土，在他手中失去。

一人得道，鸡犬升天，秦桧不仅个人生活奢侈浪费，他的家族成员也都如此，几乎人人都骄奢淫逸。这一点，从他们的家族墓葬中就可以看出端倪。

秦桧家族的墓葬群，是盒子状的，外观非常奇特。大墓用石头制成，显示了墓主人的高级身份。墓中的大量陪葬品中，有一对玉梳，极为珍稀，显示了昔日的奢侈生活。

这对玉梳，外表一模一样，为新疆和田玉所制。它的厚度，仅为0.3厘米；梳背为1厘米，上雕3朵牡丹、2朵花苞，中间还有枝叶，镂空最细处，只有2~3毫米。

▶头戴3把梳子的古代女子

如此精巧细致的玉梳，是作为发饰用的。它也叫栉。

栉，是梳篦的统称。齿疏的，叫梳，用于梳发；齿密的，叫篦，用以除垢。栉，也是饰物。原始人就以头上插梳子为美。

在古代，未成年人要在鸡叫时就起来梳洗，一日要梳好几次头。这促进了梳子的发展。东周的梳子，梳齿竟然还可以插入梳背里面，其设计颇为神奇。

梳，有竹梳，有木梳，有金梳，有银梳，有牛角梳，有象牙梳等。女子几乎梳不离身，携带梳子就似携带扇子，竟成风潮。

宋朝时，不仅秦桧家族用和田玉来制梳子，其他权贵人家，也有各种名贵的梳子。有的贵妇，甚至在头上插上多把梳子，以此彰显地位和身份。

梳子多为半月形，插在头上，弯曲扭折，别有风情。

宋朝有一种风气，即：每隔3天，必须沐浴一次；有一丝头发不顺，就视为耻辱。在这种情况下，梳子受到了更大的重视。皇宫中，有人制出了一把牛角梳，长达1尺。有一日，恰好皇帝看到，吓了一跳。皇帝生了气，认为太浪费了，板着脸下诏，谁若制梳长过4寸就是犯罪。

如此，梳子总算缩小了。

扩展阅读

宋朝人织布时，手法奇特，先将麻布用碱性的石灰煮沸，这样，麻就会变得柔软；然后，再涂抹滑石粉，麻线就会变得光滑。由此织出来的布，均匀、光洁、结实。

◎膝裤中有"匕首"

宋高宗赵构登基后，总在身上藏着匕首。为什么呢？

他在防范大臣秦桧。

秦桧独揽大权，到处都遍布他的眼线，窥察皇帝的动静；而且，稍有不如意，他就会随意杀人，搞得人人自危。宋高宗担心秦桧反叛，便在膝裤中藏把匕首，以防不测。直到秦桧死后，宋高宗才心安。

那么，何为膝裤呢？

它来源于满裆长裤。满裆长裤，是北方胡人的发明。胡人常年游牧，穿满裆长裤便于骑马。

魏晋以后，流行肥大裤管、紧身上衣，称为"袴褶"。穿着这样的满裆裤，既便于行军打仗，也便于逃难躲避。

唐朝时，只有武官才能穿袴褶。三品以上的官员，穿紫色袴褶；五品以上的官员，穿绯色袴褶；七品以上的官员，穿绿色袴褶；九品以上的官员，穿碧色袴褶。

袴褶作为胡服，能够得到官方如此"抬举"，这在当时算是很有风头了。不过，袴褶有些"不伦不类"，它既不如传统冠服那样雅致，又不如袍子随意方便，最终，它还是渐渐消亡了。

扩展阅读

元朝对女子饰物非常敏感，禁止女子随便插戴饰品。皇帝甚至下旨，只许每人戴一件金钗、一件翠花；耳环可用金制，其他首饰都必须用银制，否则就要受到严惩。

◎《清明上河图》中的衫

《清明上河图》是一幅前无古人后无来者的巨作，为宫廷画师张择端所绘。

画卷有5米多长，共有587个人（一说814人）、60多头牲畜、20多只船、20多座房屋、20多乘车轿，另有13种动物、9种植物。

此画问世后，即惊动天下。由于它太过珍贵，争抢不断，故可谓命运多舛。

张择端去世后，此画先后5次进入宫廷，又4次被盗出宫外。到了明朝时，它辗转到了兵部尚书陆完的手里。

陆完死后，他的夫人将画小心卷起，缝在枕头里，时刻不离身，任何人都不得靠近，包括亲生儿子。

陆夫人有个外甥，善于画画，也善于哄人开心，他百般央求陆夫人想要看画。陆夫人勉强同意了，但提出一个条件，观画时，不许带笔墨，只在阁楼上看，不让外人知道。这位外甥同意了。

就这样，这位外甥经过10多次的细致观看，竟然也能慢慢模仿画作了。于是，他画出了一幅赝品。

奸臣严嵩当时正在四处寻找《清明上河图》。有人为了博得严嵩的欢心，从陆夫人的外甥手中买了那幅赝品，呈送给严嵩。严嵩很高兴，命人装裱。

▼《清明上河图》局部

就在装裱时，一个画匠识破了这是赝品，便故意将画上的旧色洗掉，让严嵩当众出丑。

严嵩气得半死，将送画的人处死了。陆夫人的外甥也被抓起来，活活饿死了。

《清明上河图》形象地描绘了北宋都城的繁荣风貌。画中人物各异，身份也不尽相同，有官员，有商贩，有农民，有医生，有车夫，有船工等。许多人头戴巾、帷帽、笠、幞头等，身穿袄、衫、襦、褙子等。穿衫者颇多。

衫，是没有袖的开衩上衣，由深衣发展而来。

夏天穿的衫，叫汗衫。汗衫是刘邦发明的。刘邦有一次和项羽激战，回到营地后衫子尽湿，他便开玩笑说，这应该叫汗衫才对。汗衫因此得名。

青衫，代指一些才华横溢却得不到重用的小官员，也代指儒生，如白居易有这样的诗句，"座中泣下谁最多，江州司马青衫湿"。其中的青衫，便指文人。

白衫，是披在外面的凉衫。

紫衫，是军装的一种。

帽衫，是圆领衫，配合乌纱帽的黑色衣服。

衬衫，是清朝人发明的，颜色多为玉色、油绿色、蛋清色，很清淡。

衬衫中的长衫，颜色多为月白、湖色、枣色、雪青色等，颇具诗意。

衬衫中的短衫，颜色多为黑色、灰色、蓝色等，很是耐脏。

扩展阅读

宋朝的手工业，只传亲属或亲近之人。抚州莲花寺的尼姑会织莲花纱，但因为不传外人，一年才织不足100端，价值连城。技术神秘，无法仿造，此寺尼姑垄断了莲花纱。

◎宋朝的白兔商标

商标不是现代人的发明，在宋朝，第一枚商标已经出现。

它是一枚白兔商标。

商标为正方形，横着刻一行阴文——"济南刘家功夫针铺"，中间刻着白兔图形，两侧刻着阳文——"认门前白兔儿为记"。

内容明确，十分规范。

北宋商业很发达，城市繁荣，商贩为了在竞争中胜出，才设计了这个商标，以免别的商家侵犯了自己的权益。

这是一枚印刷商标，显示了纺织业的空前发展。

刘家功夫针铺的印刷广告，出现于公元1127年左右。在它出现300多年后，英国才出现了印刷广告。

针的发明，是服饰史上的大事，它使刺绣得到发展，走向世界。小小的一枚针，是服饰史上不可或缺的一分子。早在春秋战国时，哲学家荀子就注意到了这一点，专门为针作了一篇赋。不过，这还不算是正规的广告。宋朝刘家功夫针铺的白兔广告，才算是正式的商业宣传。

◆扩展阅读◆

明朝人宋应星所著的《天工开物》中，记载了提花机，其花楼高几丈，需两个人共同提织花样；织好几寸后，就要换送到另一个提花机上，非常不易，颇费时日。

◎入侵的服饰

女真是东北的一个少数民族，出没在黑龙江、松花江和长白山一带。女真人常年生存在荒山野岭中，练就了非凡的骑射本领，甚至能自如地在悬崖峭壁上行走。由于女真族人极为彪悍，且其部落不断壮大，故而威胁到了宋朝的统治。

女真人大肆入侵宋朝边境，女真的服饰也侵入了中原。

宋朝人对女真人又恨又气，可是，他们对女真人的服饰很感兴趣。在皇宫中，竟然出现了毡帽。这就是受女真服饰影响的结果。

皇帝恼羞成怒，下令任何人都不许穿女真人偏爱的黑褐底白花衣服，不许穿褐色衣服、淡褐色衣服，不许描蓝黄紫底撮晕花样。

女真人注意到了这个情况很是得意。他们甚至强迫边境的汉民全都改穿女真服。

边境的汉民，比皇宫中的人更有血性。他们不堪异族的侵略，奋起反抗，坚决不肯穿女真服，仍穿汉服。

这让女真人很意外，但又拗不过，只能放弃了换服的打算。

▼对襟绸短襦，为少数民族服装

不过，由于长期与女真人杂处，还是有一些汉人受了影响。有些女子效仿女真人，在脑后盘髻；还有舞女穿着窄窄的胡衫，戴着毛茸茸的狸帽。

女真人穿的靴子，是尖头靴；所穿的裙子，为黑紫色曳地长裙。渐渐地，也见怪不怪了。

在女真人的逼迫下，宋朝经济窘迫，服饰也变薄，变简了。褙子问世了。

褙子，是立领、开衫、细袖，长达膝盖，两侧有开衩，既简朴，又便于行动。这是社会动荡的产物。

扩展阅读

高髻有蛊惑之美。宋朝女子梳了高髻后，又用罗帛仿制牡丹花"重楼子"，戴在高髻上，竟使发髻高达3尺左右。皇帝忍无可忍，下令女子之冠不得高过7寸。

◎ 神奇的缂丝

黄道婆在历史上赫赫有名，这源于她高超的纺织技术。

黄道婆的前半生，是极为凄惨的。在她只有十二三岁的时候，就被卖给了有钱人家当童养媳。日子分外凄苦，白天，她要去田里干活；晚上，她还要织布到深夜。除了身体上的折磨，精神上的虐待也从未停止过，无论公婆还是丈夫，都经常无故地羞辱她、压迫她。

她的生活暗无天日，整日压抑、提心吊胆。一天，她又遭到了公婆和丈夫的毒打，还被关在柴房里，不准吃饭。她凄凉不堪，再也无法忍受。半夜时分，她从房顶上逃出来，流着泪跑到黄浦江边躲到一艘海船上，之后，随着船行来到了黎族的聚居地。

这是海南岛南端的崖州，这里的黎族人得知了她的遭遇，同情她、怜惜她，教她纺织技术，帮助她生活。

她原本就是一个纺织能手，现在有了更专业的讲授，她的技术逐日提高。一时，竟成了纺织名人。

她心思灵慧，技术娴熟，将汉族和黎族的纺织技术融合到一起，自创了一套先进的织法。

她就这样在异地他乡生活了近30年，在岁月的流逝中，她渐渐老去了。

黄道婆有了叶落归根的想法。在经过一番思想挣扎后，她告别了黎族人，回到了故乡乌泥泾。

物是人非，乌泥泾的纺织技术仍旧十分落后。黄道婆决心改变这种面貌。她教授乡人"错纱、配色、综线、絜花"等织造技术。她还改进了简陋的纺织工具，发明了去籽搅车、弹棉椎弓、三锭脚踏纺纱车等。这大大提升了纺织的效率，既省力又省心。

在她的努力下，淞江地区竟然成为全国棉纺织业的中

▲ 复杂的竹笼织机

心。在长达几百年的时间里，淞江布都被盛赞为"衣被天下"。

她还发明了赫赫有名的"斑纹布"、"古崖州挂锦"、"缂丝"。

缂丝，是世界服饰史上的不朽之作、经典之作。它的最大特点是镂空；织出的纹样就像中间有裂缝，十分神奇。

作为绝世之作，缂丝的织成非常不易。它耗时漫长，一件作品常需几年时间。

在织造时，要通经断纬。经线为蚕丝，纬线为熟丝。熟丝的颜色，多达6 000多种。每织一个花苞，就要用许多种颜色，这样才能确保每朵花都是"活的"，都栩栩如生，美而逼真，而且，两面的花纹还不一样；织成后，只露出纬丝，经丝则藏在其中。

缂丝传到日本后，把日本人看得目瞪口呆，把它视为惊世绝品。

缂丝是纺织和绘画的融合。在织造前，要将画稿衬于

▶仕女梳妆图中，人物带有花钗冠

下面，再手持毛笔，将画描在经线上，然后再织。因此，缂丝的好坏，不仅与画作本身有关系，还与织造者的素养有关。

如果织造者仅仅是依葫芦画瓢，没有自己的艺术思想，对色彩度、明暗度、实物本身缺乏升华和提炼；那么，织出的缂丝，就会很死板。

反之，如果织造者心思灵动，有思想，有才华，那么，就会随时根据意境的变化，比如一朵浪花的明暗变化，或一片水色的浓淡变化，来变换丝线的颜色。这样织出来的缂丝，浪花会有立体感，水会有渐变感，有灵气，很自然，很鲜活，很难被仿造，价值也十分高。

但这样的织造者寥寥。因此，到了清朝末期，缂丝几度濒临失传。这是令人遗憾的。

🎐 扩展阅读 🎐

宋朝人很重视珍珠，皇后的冠上，有珠花24朵，且缀金龙翠凤，称"龙凤冠"；普通命妇的冠上，珠花的数目不等，称为"花钗冠"。花钗冠是真正的女子朝冠。

◎ 遍地"质孙服"

"质孙服",乍听起来,略感奇怪。其实,它就是"一色衣"。它的兴盛,源于元世祖忽必烈。

忽必烈每年都要在宫内举行"质孙宴"。这是国家级的盛会,百官都要穿戴华丽,前来参加。"质孙"一词,就含有华丽的意思。质孙宴也因此得名。

质孙服,上衣连下裳,相当于短袍,可紧可窄,在腰部有褶,适合游牧民族穿用。在大宴当日,至少有1.2万人穿着和皇帝同色的质孙服,远远望去,浩浩泱泱,壮观宏伟。

▲元朝崇尚白色,图为服白的元世祖忽必烈画像

这些一模一样的质孙服,都是皇帝所赐,上缀宝石,可值万钱。而且,皇帝不仅赐一次、赐一件,他在一年中,要赐13次,也就是说,他要赐出大约15万件一模一样的衣服。

质孙服为什么叫一色服呢?

这是因为每次赴宴,都要穿同一种颜色的质孙服;每年赴宴13次,就要有13种颜色的质孙服,以便一次一种服色。

质孙宴之日,人们从四处走来,都拿着彩仗,排着整齐的队伍,陆续进入宫中,换上同色的质孙服,到殿前入席。但见乐伎繁多,百戏四起,酒菜横陈。就这样,要持续3个月方终。

如此隆重的宴会,在历史上是少见的。

当汉服逐渐渗透时,元朝慢慢地吸收了一些,但质孙服的地位却依然不可动摇。一旦皇帝赐给谁质孙服,就表明对谁宠信。

在重大节日时,宫中大摆筵席,参与者还需穿质孙服。这也是一种炫耀的资本。

皇帝一个人，就有很多套质孙服；夏天有15种，冬天有11种。冬天的质孙服，如果是大红色的、桃红色的或紫蓝色的，那么，就要戴七宝重顶冠；如果是红黄粉色的，就要戴红金答子暖帽；如果是白粉色的，就要戴白金答子暖帽；如果是银鼠色的，就要戴银鼠暖帽，披银鼠帔。

　　元朝女子不穿质孙服，都穿宽大的袍子。这样走路很困难，后面还要跟着两个婢女，帮她们拉着袍子一角。至于平民女子，都穿黑色袍。

扩展阅读

　　高句丽为获得元朝支持，实行"贡女制度"，把许多女子献入元朝皇宫，有人甚至成为元朝皇后。高句丽女子很婉媚，穿着"紫藤帽子高丽靴"，引人追捧，竟成风尚。

第七章
繁丽的明清服饰

明朝服饰尊崇传统文化，以汉族服饰为主
体；清朝服饰尊崇民族文化，以满族服饰为风
尚。两个朝代，服饰风格不同，但都具有明显的
等级制度。而且，两个朝代都经历过繁盛期，因
此，服饰也都锦簇繁丽；还出现了盛世极品，如
云锦等。这一时期的服饰宝库，精致璀璨。

◎等级森严的美

朱元璋是明朝的开国皇帝，他统一天下后，大力恢复汉制，将胡服、胡语、胡姓等全部废除，一切都谨遵汉制。

服饰得到了细致的规范。皇帝上朝时，头戴"乌纱折上巾"；文武百官戴"展翅漆纱幞头"。

展翅漆纱幞头，样式较为奇特，帽子的两边展角，各长40厘米。也就是说，帽翅很长。大臣们相互交谈时，要隔着一段距离，不然，头扭来扭去，帽翅也随之甩来甩去，有可能会打到脸。

那么，为什么要把帽翅设计得这么长呢？

这是皇帝耍的一个小心眼——他怕大臣们交头接耳、窃窃私语，所以才叫人做了如此设计。

平民百姓不用戴这种展翅漆纱幞头，他们只用网巾包住头发就可以了。

明朝灭亡后，有一个明朝遗民，深怀亡国之痛，不肯降服清朝。他带着两个仆从，坚持遵从明朝的习俗，穿明朝的衣服，戴明朝的头巾。

清朝政府怒不可遏，将他们抓入大牢，强行扯下他们的头巾衣冠。

这个遗民告诉两个仆从，各朝各代的衣冠都有定制；网巾是开国皇帝所创制，是祖制，不可忘，不可违。

他让仆从把笔墨取来，在自己的头上画了网巾，表明坚持祖制。两个仆从深受感动，也请他在各自头上画了网巾，以示不屈。

▲清朝皇后氅衣，用到10多种针绣技术

与明朝一样，清朝的服饰更为烦琐，条条框框也更多，对于服饰文化影响很大。

清朝的贵族，多为满族。他们来自深山草莽，文化底蕴不深，更看重财富。因而，他们对服装和首饰的追求就显得格外执着了。

清朝男子在脑后留长辫，在身上穿锦衣玉袍，满坠金银珠宝。仅是挂在身上的玉器，就数不胜数，有佛珠，有手串。

女子更奢华，为了在衣服上带满珠宝，显示雍容华贵，衣服制得非常宽大，光是"栏杆"形花边，就有70~80道。

清朝为什么要坚持穿满族服饰呢？

这是因为皇帝有个担忧：万一改穿了汉人服饰，遵从汉人礼俗，突然有一天遇到少数民族入侵，那岂不是要束手就擒？

汉人服饰不适合打仗，而满族服饰适合骑射，所以，清朝不改旧俗，是担心会国家毁灭。

清朝的服饰改革，"男从女不从"，对女子限制很少。因此，女子服饰多样，满汉结合，创造了旗袍，外套马甲，头挽发髻，脚穿高底花盆底鞋。如此打扮，可让女子身材摇曳，风情万种。

扩展阅读

明初，朝廷把方巾作为标准头饰。方巾也叫四方平定巾。一年，文人杨维桢戴黑漆方巾入见皇帝，皇帝问此巾何名。他答，是四方平定巾。皇帝大悦。此巾遂成国服。

◎锦衣卫特务的制服

朱元璋称帝13年后，一日，他接到两份密报。

内容指向了当朝丞相胡惟庸。一说他有反叛的迹象，一说他贪赃枉法，且暗通倭寇，有出卖国家的嫌疑。

朱元璋愤怒不已，命锦衣卫暗中搜集证据。

锦衣卫明白，胡惟庸的确有不妥之处，但并无通敌反叛之实，这是朱元璋觉得胡惟庸势大，威胁到了他的统治，所以才叫人给胡惟庸安插了这些罪名。

锦衣卫便也给胡惟庸构陷了许多罪名，说胡惟庸不仅与倭寇勾结，还与高句丽勾结，与卜宠吉儿勾结，与马来群岛的三佛齐勾结；在国内，还与蒙古军勾结。

如此一来，胡惟庸成了罪不可恕的叛国贼，死不足惜。

朱元璋很称心，顺理成章地给胡惟庸判了死刑。

在处决胡惟庸这一天，几乎万人空巷，都来观看。气氛压抑、肃杀、严酷。每个人都屏住了呼吸，血腥的场面让很多人一生未得开释。

头发花白的胡惟庸，头和四肢分别被绑在5辆马车上。随着骏马向各个方向奔驰，他的身体被拉成一个"大"字。转瞬之间，身体就被拉扯开了。

血淋淋的场面，残忍至极，人群中，立刻有人晕倒了。

古代有无数酷刑，有一种叫"剥

▼深青如意云金蟒缎

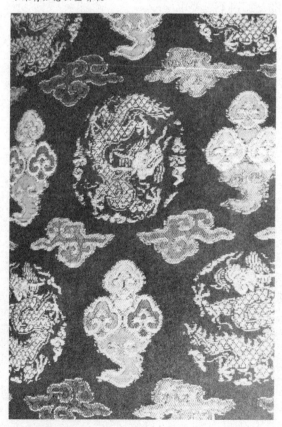

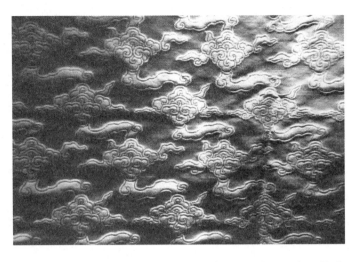

◀明朝祥云红缎，锦衣卫高官可服红色

皮实草"，骇人听闻。它是胡惟庸发明的。锦衣卫在胡惟庸被撕裂而死后，也对他实行了剥皮实草。锦衣卫的校尉将胡惟庸的尸体放入灰蠹水中，让他的皮和肉剥离开来；然后，在人皮中塞上干草，制成稻草人，立在衙门外，供人观看。

在这起酷刑中，锦衣卫是第一次在公众面前正式执行任务，第一次正式露面。它给世人留下了难以磨灭的印象——华丽而冷酷。

从此，世人才知道锦衣卫这个侦缉机构。

锦衣卫享有特权，凌驾于法律之上，可越过法律机构，直接向皇帝汇报。这种特权，体现在服饰上，锦衣卫高级官员有3种"制服"——蟒服、飞鱼服、斗牛服。

蟒服要和玉带一起穿戴；蟒服分单蟒和坐蟒；被赐予蟒服的人，都是皇帝跟前的红人。

飞鱼服最为绚烂，上绣蟒纹、鱼纹，地位仅次于蟒服。它散发着儒雅气息，上衣为交领，腰间有玉带，下裳为百褶裙。

穿飞鱼服，佩绣春刀，是锦衣卫的经典打扮。外表雅致，内里凶狠。

在服饰史上，飞鱼服是不可忽视的一种。它蕴含着深重的历史意义，又彰显着高超的织绣水平。

扩展阅读

染缁衣时，要经过7道工序。前4次染成大红色；第五次染成黑中带红，叫"鲰"；第六次染成黑中略带红，叫"玄"；第七次染成全黑色，叫"缁"，即黑色的帛。

◎胡闹皇帝引领时装界

　　江彬在大同边境巡守，职衔是游击将军。在多次发生的边境战争中，他几乎每次都冲在前头，极为骁勇。

　　在淮安战役中，他在敌阵中拼杀被团团包围，身中3箭。其中，有一箭射入了他的左脸，箭簇从脸部洞穿左耳。他没有犹豫，当即拔出箭，任鲜血直流，继续奋勇杀敌，令敌军将士胆寒。

　　江彬也极为狠毒。他为了获得晋升，曾杀害了23个村民，用他们的头颅充当敌军的头颅向上请功，得到了不少赏赐。

　　这一年，江彬前往京都，在一个人的引荐下，谒见了正德皇帝朱厚照。

　　正德皇帝23岁，年轻尚武，非常喜欢野性彪悍之人。他看到江彬的左脸留下的那道疤痕，忍不住用手去抚摸。他佩服江彬的勇气，连声称赞江彬是个好汉。

　　正德皇帝又问江彬兵法，江彬对答如流。皇帝满心欢喜，将江彬留在京都，担任指挥佥事。

　　江彬善于讨好，没过多长时间，竟然与皇帝到了亲密无间的地步，睡卧在一起了。

　　二人情义甚笃。有时候，他们下棋消遣，江彬一点儿也不让着皇帝，步步紧逼，就连皇帝的贴身侍卫周骐都看不下去了，几次三番地提醒江彬留有余地。江彬不屑，依旧如故。

　　周骐颇为生气，一次，在路上拦住江彬，让江彬有些分寸。江彬不言语，心下怀恨。待见了皇帝后，便诬陷周骐心怀叵测，有不良企图。

　　正德皇帝完全信任江彬，一听此言，马上命人抓捕周骐，并在江彬的监督下，将周骐活活打死。

正德皇帝越发宠信江彬了，午睡时也不分开。

一日，太阳高照，正德皇帝午睡方醒，他一时兴起，想要去捕捉老虎玩耍。他见江彬还没醒，自己便悄悄下床，直奔关着老虎的虎城。

正德皇帝钻进笼子里捕虎，不料老虎烦躁，性情大变，对着皇帝开始低吼。皇帝觉察不妙，想要逃跑，却被老虎逼迫住。一旁的锦衣卫官校吓得面如土色，不敢上前。

就在这生死关头，江彬赶到了。他飞身而入，猛地扣住老虎的头，与老虎厮缠在一起。

江彬被老虎拖拽了好几圈，终于将老虎制服了，救了正德皇帝一命。

江彬救驾有功，皇帝对他更加信任，收他为义子，带他到中南海练兵。

由于正德皇帝偏好军事、武力，中南海练兵的场面，非常壮观；将士们的服饰也极为惹眼。

将士们个个都穿着黄罩甲，浑身闪耀着金色的光芒，耀眼夺目。

黄罩甲，是明朝的"时世装"，代表着当时的流行趋势。无论朝野，都以这种黄马甲为时髦。

除了黄罩甲，级别高的人还戴着金色遮阳帽。帽子上，装饰着3根靛染天鹅翎；下一个层级的人，头上插着2根天鹅翎；再下一个层级的人，头上插着1根天鹅翎。

▼明代金带饰，镶有猫儿眼

▼明代嵌宝石带饰

◀明朝镶珠宝玉带饰
◀明朝嵌宝石玉带饰

　　江彬因备受皇帝宠信，穿戴与众不同。他穿着几乎与正德皇帝一模一样的铠甲。里面还穿着华服，系着镶嵌宝石的带饰。

　　在明朝，一个全副武装的士兵，要能背负重达57斤的战斗装备。仅是铠甲、战袍、遮臂等，就重5斤；头盔、铁脑盖，重7斤。江彬和正德皇帝就穿着这样的行头，当他们并列骑马驰骋时，服饰铠甲都很相似，远远望去，根本很难辨识清楚。

　　清朝的甲胄，有所不同。上身相当于马褂，袖口是马蹄袖；下裳不是筒裙，而是分为左右两片，别有新意。

扩展阅读

　　宋朝的吏人，是在各衙门跑腿的人，地位不高。他们穿紫衫，便于跑动。紫近于黑，朝廷便禁止士大夫服紫。一旦发生战事，士大夫却都穿起了紫衫，因为服紫利于逃跑。

◎冯保的红袍

万历皇帝9岁登基，他的母亲李太后对他精心培育。李太后为了让他从小就养成勤于政务、爱民如子的习惯，对他管教甚严，甚至到了苛刻的地步。

每天凌晨4点，皇帝就必须要起床，准备上朝；上完早朝回来，要去读书，必须完整地复述老师的讲述，若有一字遗漏，就要罚跪。

为了让皇帝洁身自好，李太后把他身边的宫女也都清查了一遍。凡是30岁以下的宫女，都不允许待在皇帝身边。她还将自己的被子搬到乾清宫，睡在皇帝对面，日夜监督他。

皇帝大婚后，李太后不便继续留住乾清宫，不得不搬回慈宁宫。她不放心，想找个人继续监督皇帝。这个人，就是冯保。

冯保是个太监，文化水平极高，识见深，有韬略，对李太后和皇帝忠心耿耿。

李太后特别交代冯保，一定要对皇帝直言进谏，不能由着他的性子来，要提醒他什么该做什么不该做，以免损

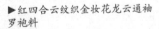

▶红四合云纹织金妆花龙云通袖罗袍料

伤了皇帝的威严。

李太后对冯保有知遇之恩，冯保对李太后言听计从，把皇帝管得死死的。

当然，冯保也有私心。他颇有才华，支持改革，他想更深入地参与国事，就需要掌控皇帝。

冯保极为儒雅，他也用儒家思想教导皇帝，不让皇帝翘腿，不让皇帝笑时露出太多牙齿。

有一次，首辅张居正给皇帝送来一对白色莲花，一双白色的鸟，皇帝很兴奋。可是冯保觉得不好，认为玩物丧志，让张居正拿走了。皇帝心中积下了不悦的情绪。

有时候，皇帝很想尽情玩耍，但一看到冯保过来，立即就会不自觉地停止。

皇帝终究是个孩子，他的天性被束缚住了，他被二十四小时密不透风地监督着，他心里的怨气自然是与日俱增的。

有两个小太监好摆弄棍棒，冯保怕他们把万历皇帝影响得粗野了，便时常呵斥他们。他们怀恨在心，一日，趁着皇帝喝了酒，怂恿皇帝穿着紧身衣，到西苑乱闯。皇帝正好得以发泄，肆意玩闹，当他看到有冯保派来的人在监视他时，他气不打一处来，提着剑就砍。他还跑到冯保的住所，破口大骂。

冯保一言不发，躲避锋芒，第二天，跑到李太后那里汇报。李太后震惊不已，宣称要废掉万历皇帝的帝位，另立他人。

万历皇帝慌了，急速跑到慈宁宫请罪，一直跪了6个小时，又将唆使他胡闹的小太监都撵出宫，把冯保的政敌都处分了，这样才了事。

此后，冯保的权力更大了。万历皇帝要想处罚什么人，如果冯保不发话，就没人敢执行。万历皇帝感到极度悲哀，对冯保的恨越来越深。

他意识到，只有冯保消失了，他的皇位才坐得稳。

这一天，万历皇帝向冯保开战了。

他在宣华殿听完课后，没有马上回宫，而是假装无意地摆弄笔砚。一时，他又饱蘸墨汁，在宣纸上写字。突然，他抬起头，猛地把手中的毛笔甩向冯保。

转眼之间，冯保的大红袍子，就沾满了淋漓的墨渍。

之后，皇帝一声不吭，起身入内去了。

众人都很惊讶。冯保更是不解。其实，这是一个信号，是皇帝表示不满的方式。红袍，在明朝是不能随便穿的，冯保被允许穿红袍，是因为他有功于社稷，是被特许的，象征着尊贵地位。而当皇帝把墨汁甩到红袍上时，是在表示对冯保的愤恨，要剥夺冯保的这种地位。

冯保没有意识到这一点，因为他从心里是待皇帝好的，他还以为皇帝是发小孩脾气，没往心里去。没过多久，当皇帝亲政后，冯保的家就被抄了，他也被发配到南京去看守陵墓。

直到此时，他或许才洞悉墨染红袍中蕴含的意思。

在明朝，一品到四品官员才能穿红袍。至于其他官员，尤其是太监，连玄色、黄色、紫色都不许穿。谁若敢穿，就连染织匠人都要受牵连，下狱处罚。

明清两朝，黄色也是尊贵的颜色。清朝时，皇帝能穿明黄色的衣服，皇太子能穿杏黄色的衣服，其他皇子能穿金黄色的衣服，贵族能穿深黄色的衣服，稍带一点儿红色的杏黄色，才是平民所能穿的。

扩展阅读

为吸引消费者，南宋时，许多行业都有专门的服饰。香铺里的人，都戴帽、披褙子；质库里的人，都裹头巾、穿青衫束角带。这相当于"活广告"，提高了商品与店家知名度。

◎凄楚的凤冠

▲霞帔上的金坠子

　　万历皇帝15岁时大婚。朝廷从民间选来了大批美女，其中有13岁的王氏。王氏出身普通，未能选为嫔妃，被分配到慈宁宫，侍奉李太后。

　　3年后，万历皇帝偶见宫女王氏，一时喜欢，便临幸了她，赐给她一副金银首饰。

　　之后，皇帝就把王氏抛到一边了。但王氏却有了身孕，她不敢说出来，直到身体臃肿，被李太后发现，才一一道来。

　　李太后质问万历皇帝，皇帝不承认。李太后见皇帝想赖账，便叫人翻查记录皇帝起居的《起居注》。皇帝无法推诿，只好不乐意地承认了。

　　李太后很高兴，感叹道，我老了，尚无孙儿，若得男孩，也算祖宗社稷之福。

　　宫女王氏得到了承认，被封为王恭妃。

　　王恭妃不负李太后的期待，生下了一个男孩，取名朱常洛。

　　诞下皇长子，本来是一件大喜事。可是，由于皇帝不喜欢王恭妃，而是专宠郑贵妃，所以，母子的命运反倒变得越来越凄惨了。

　　万历皇帝对王恭妃极为冷漠，不安排皇长子读书，也

▼明朝霞帔，与凤冠同戴，上镶珍珠

不优待他们的生活。郑贵妃还时常找茬儿陷害他们。王恭妃时刻担心儿子的安全，不敢离开，一直伴着儿子入睡。

皇长子13岁时，郑贵妃极度憎恶他，看到他与宫女玩耍，便污蔑他有淫乱之事，怂恿皇帝派人前去查验。王恭妃悲愤而哭，声泪俱下，说："我日日与他同睡一榻，不敢片刻稍离，就怕会出岔子。"

前来查验的人也知道是郑贵妃诬陷，便如实向皇帝禀报，保住了皇长子的清白。

大臣们也看不下去了，一再劝诫万历皇帝，安排皇长子读书识字。皇帝推脱不得，只得允许皇长子去读书了，否则，他很可能会成为一个文盲。

按例，皇长子本来应该立为太子。可是，皇帝宠爱郑贵妃，想立郑贵妃的儿子为太子。大臣们不同意，坚决不退让。

▲王恭妃的九龙九凤冠

皇帝还拼命争取。为这个问题，他和大臣们足足争斗了15年。其间，他把反对他的大臣——4个首辅、10多个要员、300多个中央和地方官员都给撤职了，或者发配荒远的边地，有的甚至被他处死了。激烈的程度，难以想象。

李太后又疑惑，又气愤，他召来万历皇帝，问他为什么不立皇长子为太子。

皇帝气哄哄地说："其母宫女出身，太卑贱了。"

李太后闻言，颜面大变，怒从心生，厉声道："我也是宫女出身，我也卑贱吗？"

▲王皇后的六龙三凤冠

由于李太后盛怒干涉，万历皇帝不敢再计较，便不情愿地立了已经19岁的皇长子为太子。

可是，这并未改变王恭妃和太子的命运。他们还是饱受凌辱，受到不公平的待遇。

王恭妃被幽禁在景阳宫，达十年之久。她思念太子，却不允许与太子见面。直到她病危时，太子几番哀求，才

被允许前去探望。

太子到了景阳宫，大门紧锁，他进不去。他又去请求太监开门，折腾了几个来回，才得进去。

长期的折磨，让王恭妃双目失明了，只是不停地流泪。

当太子想说话时，王恭妃觉察到室外有人在监视，便阻止了太子。恐怖的气氛，让她连遗言都不能留下。母子俩就这样相对无言，默默哭泣。

王恭妃就这样凄惨地死去了。

太子的生母去世，也是一件大事。但万历皇帝依旧冷酷无情，他打算简单地埋了算了。

大臣们极度愤慨，坚持要按照礼制下葬。皇帝不乐意，干脆拖着。正值8月，天气酷热难当，王恭妃的尸体腐烂得不成样子。

大臣们日日催逼，万历皇帝便简单地将王恭妃葬入皇家陵寝，也不派人看守，更不拨一点儿费用。

直到后来，万历皇帝驾崩了，王恭妃这才被追封为"孝靖皇后"。

在万历皇帝驾崩前几天，王皇后也死了。王皇后一生不得宠，但她谨慎小心，对太后尽心尽力，有慈孝之名；她从不与郑贵妃争锋，还几度保护太子躲过郑贵妃的暗算。死后，她被封以"孝端皇后"。

就这样，在大臣们的主张下，把王恭妃——"孝靖皇后"，把王皇后——"孝端皇后"，与万历皇帝一起，都葬入了定陵。

郑贵妃不得天下之心，被认为是国之祸乱之首。当她死后，被葬于别处，远离了定陵，远离了万历皇帝。

王恭妃与王皇后一生凄苦，没有得到爱情，但在死后，她们都得到了尊崇，她们的地位都得到了认同。

在定陵中，随葬着象征她们地位的凤冠。

凤冠有4顶，她们各自两顶，分别是三龙两凤冠、十二龙九凤冠、九龙九凤冠、六龙三凤冠。

六龙三凤冠，是王皇后的。冠上，有一条龙盘绕，龙由6条金线织成；下有翠鸟的羽毛，呈展翅欲飞的样子；凤冠的后面，像凤尾一样分开；颜色艳丽，五彩斑斓；整个凤冠，镶嵌的红蓝宝石有128颗、珍珠5 400多颗，重达2 905克。这对于研究明朝典章制度，有重要价值。

九龙九凤冠，是王恭妃的。冠上，有龙有凤，龙凤之间，还有翠云90朵、翠叶74片；镶嵌的宝石有121颗、珍珠有3 588颗。饰物集于一冠，却不并显得烦琐、拥挤，反而搭配得当，疏密映衬，美不胜收。

商朝时，商人崇拜玄鸟，把它视为图腾，将它纳入服饰中，寓意得到图腾的庇佑。之后，凤凰大行于世。凤凰被认为有雌雄，雄为凤雌为凰。从秦朝开始，凤作为头饰，被戴于头上，成为女子的专属。

凤冠因此出现了，但只有太皇太后、皇太后、皇后有资格戴。

明朝的凤冠，雍容华贵。皇后在受册、谒庙、朝会时，都必须戴着。凤冠极为沉重，但因代表着至高的身份，世人皆羡。

王恭妃与王皇后得到了凤冠，得到了尊重；然而，那凤冠中隐藏着的凄楚，却是世人所不能体会的。

扩展阅读

清朝的刺绣佩饰，处于空前绝后的巅峰状态，就连扇袋、钥匙袋、帕袋、眼镜盒、靴掖等，都有刺绣。《雪宦绣谱》是民国第一部强调刺绣针法的专著，为沈寿病中口述，张謇记录整理而成。

◎地宫里复活的锦绣

明朝的第十三位皇帝，是万历皇帝朱翊钧。他的一后一妃，死后，都葬入定陵。

定陵，花费了6年时间修建而成，耗银800万。这是一笔空前巨大的数目，相当于当时全国两年的税收总收入。

定陵的发掘，是在1956年。考古队经过几天的辛苦勘察后，开始正式挖掘。就在清理封土时，突然从一个离地面3米多高的城墙上掉下来几块砖。在砖掉处，竟然露出一个圆洞，直径约0.5米，有明显的人工痕迹。

队员们一下子兴奋了，奔走呼喊：地宫的入口找到了。

顺着地宫的入口挖下去，又过了差不多半个月，地下又出现了一道砖墙。接着，又出现了一道金刚墙，更为坚固。显然，这就是地宫的防护墙，后面便是地宫。

古人为了防止盗墓，常在墓中设置机关或陷阱，暗藏飞刀、暗箭、毒气等。考虑到这一点，考古人员一时心里没底。

但在犹豫再三后，他们还是战胜了忐忑心理，小心翼翼地试探着进入地宫。

▲万历皇帝的二龙戏珠金丝翼善冠

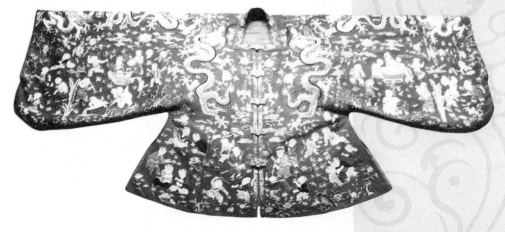

▼惊世百子衣，为红纱罗地平金彩绣

▲百子衣上面的100个小童憨态
可掬

▲百子衣的纽扣上，也镶嵌宝石

他们轻轻地抽出第一块墙砖，屏住呼吸——但没有乱箭射出，一切平安，只是气味难闻。

他们又将狗和鸡都放进去，试探反应。结果依旧无事。

他们再不犹豫了，大胆地进入地宫。

在地宫的后室，正中间排放着3具棺椁。打开棺椁后，里面分别躺着万历皇帝和他的一后一妃。

衣服完好无损，犹如刚穿上去一样。但暴露空气中不久，就发生了变化，有的衣服变硬，失去了柔韧性；有的织绣，刹那化为灰烬。

当墓主人身上盖着的衣被全部拿开后露出了骸骨。一个队员触碰了一下墓主人的腹部，竟然发现腹部还有弹性。他顿时吓坏了，立即飞奔出地宫。

其他队员以为发生了什么意外，也跟着逃奔。

后来弄清了情况，经由医生检测后才知道，尸体已经腐烂，但墓主人穿的黄锦缎袄还保有弹性，让人误以为骨肉完好。

疑虑解开后，继续清理墓室。里面的陪葬物琳琅满目，数不胜数，有衣服，有首饰，有金银玉器等。它们分别装在29个大红木箱里，多达2 648件。

万历皇帝的金冠，是用非常细的金丝制成的，上面有很多孔，小孔排列整齐；制作这样一顶金冠，需用150根细如头发的金线，不能露出接头。

◀万历皇帝的大碌带，价值不可估量

万历皇帝的大碌带，更是价值连城。它用黄色的缎面加一层皮革制成，上嵌各色珍宝，有祖母绿20块、石榴子红宝石91块，奢华无比。

在皇后的棺椁中，最绚丽的是百子衣。衣服上绣着100个神态各异的孩童，有的在读书，有的在嬉戏，有的在沐浴，有的在看鱼，有的在捕蝶，个个兴高采烈，憨态可掬，格外喜庆，寓意多子多孙。

地宫中的袍料、布匹、服饰，有600多件，多为提花织物。皇后的袍衫，几乎将各种刺绣工艺都用上了，还用了4种最昂贵的丝线，用了11种顶级的刺绣方法。刺绣所用的金线，有圆金线，有扁金线。扁金线，用金箔制成，将金箔压薄，切成窄窄的条状，与丝线一起绣入丝织物；圆金线，也用金箔制成，将金箔搓捻于丝线上，织入织物。

这些"织金"服饰，代表了明朝纺织的最高水平。

🎗 扩展阅读 🎗

用家族或姓氏来命名服饰铺，是为维护家族利益，代表了古代职业的世袭性。如南宋都城，就有沈家白衣铺、徐官人幞头铺、钮家腰带铺、修义坊北张古老胭脂铺、水巷口戚百乙郎颜色铺等。

◎云锦天上来

锦，代表着最高的纺织技术。其中，南京云锦又为此中翘楚。在元明清三朝，只有皇家才准许用。

云锦的历史，可追溯到1 500多年前。那时，东晋和后秦发生战争，正是一片昏天黑地。

东晋大将王镇恶奉命出征。他准备率水军渡过黄河，经过渭水，直逼长安。到了渭水流域后，却见水流湍急，漩涡重重，船只被冲走了许多。

将士们见了，未免泄气。

王镇恶急忙鼓励士兵，说众人的家乡都在江南，而现在大家距江南已经很远了，距长安却很近了，粮食、衣服、船只都被冲走了，若是继续前进，取得胜利，那么，功劳和名声都属于大家；若是停滞或退缩，就将受到追击，尸骨无存；所以，这时候最关键，应该同仇敌忾，共渡难关。

将士们听了，都深以为是，便继续艰难地行军。

之后，王镇恶一马当先，身先士卒，向后秦发动了进攻。最终攻入了长安，占领了都城，消灭了后秦政权。

后秦灭亡后，长安城内的织锦匠人都被迁到南京。此后，南京的织锦业得到了空前的发展。

南朝时，"云锦"这个词，正式浮出了历史的水面。

云锦是中原人的发明，蒙古族人却对它宠爱有加。他们崇拜太阳，还在云锦上刺绣了太阳纹。

明朝时，江宁织造业发展得如火如荼。江宁

▼织金妆花，图纹有立体感

织造局共有3个大机房。

清朝乾隆时期，江宁织造局有2 304名织匠，1个主管。又过了9年，主管达到了4个人，管理花样的有2个人，管理档案的有4个人，巡风检查的有4个人，门卫有2个人，看场的有2个人。管理日趋规范化。

清朝光绪时期，国力衰弱，皇帝觉得江宁织造太奢侈了，便下令撤销。

在历史上辉煌了600多年的江宁织造局，就这样烟消云散了；其中最珍贵的云锦也从此无声地湮灭了。

明清时的云锦，要用到织金技术。织匠使用的线都是真金白银做的，上面还有商标，十分专业。

织造云锦要用大花楼木织机，这个机器庞大无比，分为楼上和楼下。楼上坐一个织匠，楼下坐一个织匠，他们谁也不看谁，但每一个线头都配合默契。

在云锦中，"妆花"最为出神入化，疑为天降之作。"跑马看妆花"就是对它的形容，意思是，在奔驰的马背上看妆花饰物，会瞬间被美击中。

为什么会有这种感觉呢？

这是因为，妆花用色大胆，它以黄色、大红、深蓝、宝蓝、墨绿等为底色，再配以紫色、酱色、古铜色、鼻烟色、藏驼色等，俱浓艳无比。

在制作"妆花"时，织匠不仅要手脚并用，嘴里还要念念有词，背

◀壮观的大花楼织机

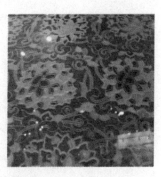

▲红地缠枝莲妆花纱云锦

诵口诀。

这需要织匠的大脑飞快运转，不仅要配色，还要眼观六路，耳听八方。也就是说，完成哪怕一寸云锦，也要动用全身的细胞。

云锦制作复杂，每天，从早到晚不停地织造，也只能织出5~6厘米。所以，它的价格令人咋舌。它自从面世后，就一直被皇室垄断，寻常百姓见一眼都很难。

扩展阅读

刘瓛是南齐人，一夜，其兄在隔壁叫他。他下了床，穿衣正立后，这才答话。其兄责他迟慢。他说，刚刚束带未完，所以没答。他用服饰整饬来表达对兄长的尊敬。

◎稀罕的花翎

顶戴花翎是清朝发明的，颇有特色。

顶戴花翎的顶珠，根据官阶而不同：一品官员为红宝石；二品官员为珊瑚；三品官员为蓝宝石；四品官员为青金石；五品官员为水晶石；六品官员为砗磲；七品官员为素金；八品官员为阴文镂花金；九品官员为阳文镂花金。

顶戴花翎的花翎，原是由孔雀毛制成，后由染成蓝色的鹖鸟毛制成。鹖鸟好勇斗狠，至死方休，插戴鹖翎，可示英勇。

它分单眼花翎、双眼花翎、三眼花翎、无眼蓝翎；眼越多，品级越高。太监顶级低，只能戴无眼花翎。

施琅任福建水师提督时，率军攻打台湾。海面上，浪涛翻天，飓风无常。他在出征时，战船被掀翻，许多将士葬身大海。在气候不利的情况下，他无功而返。

施琅第二次出征时，又遇上了暴雨，海雾迷漫，能见度低，战船被冲散，漂流到各处。他再一次失败而归。

朝廷感觉收复台湾无望，大臣们对施琅百般嘲弄。施琅试图解释，但他口齿不利索，反倒招致更多的讥讽。

施琅沉重地度过了13年。当康熙再次命他出征时，他已经60岁了，头发和胡子都白了。

但他依旧斗志昂扬，拥有必胜的信念。这一次，他充分利用了海洋气候，经过精心备战、进攻，终于在62岁时取得了海战的胜利。

康熙皇帝大喜，封他为靖海侯。他婉言谢绝了。

皇帝疑惑，问他是否有特殊要求。他说，只求赐予顶戴花翎。

皇帝颔首，许之。

由此可见，顶戴花翎在时人心中，有着特殊的地位。

▲纤细的青白玉顶戴花翎管

▲花翎示意图

▶戴着顶戴花翎的清朝官员

佩顶戴花翎的人，都是有功之臣，皇帝赐顶戴花翎给臣子，非常慎重。从乾隆年间，一直到清朝末年，被赐予三眼花翎的人，只有寥寥7个人；被赐予双眼花翎的人，也只有20多人。一旦获赐，便是极度的荣耀。

扩展阅读

明朝时，欧洲人来华，看到男子的发式，感觉奇怪，说他们的头发留得跟女人一般长，每天梳好几次头，还用细长的针穿过发髻；他们想依靠长长的头发升入天堂。

◎旗袍"统一"全国

　　清朝创立后，沿袭了明朝的很多制度，比如，皇帝的女儿依然称为"公主"。只不过，清制把公主的名号细分了，把皇后之女，称为"固伦公主"，意为天下、尊贵；把妃子之女，称为"和硕公主"，意为一方、高雅。

　　这种封号，显示了嫡庶的区别，等级的不同。

　　影视剧中，皇帝之女常被称为"格格"，这脱离了史实，因为格格在皇太极即位后是指王公贵族之女。

　　康熙有一个爱女，聪明伶俐，美丽可爱。但为了国家利益，她在19岁时，下嫁到了漠南的蒙古巴林部。康熙痛怜之，封她为"固伦荣宪公主"。

　　她不是皇后所生，乃是庶出，但因为她为和亲作出了牺牲，成为了唯一一个被康熙破格封为固伦公主的人。

◀清朝旗袍实物，精美雅致

▶粉地蓝花旗袍，下为喇叭式

固伦公主远离了中原的繁华，一直生活在风沙弥漫的沙漠，一生就这样流逝了。

她在56岁时病逝，下葬时，颇为隆重。

固伦荣宪公主身高一米五六左右，头发长而黑，辫子长及腰部以下。她静静地躺在棺椁中，头戴黄金凤冠，腕套金手镯，指套金戒指，脚穿大红缎绣花靴，身上穿有多件衣服，最外面的一件，是珍珠团龙的袍子。

在陪葬的衣物中，有两件旗袍。旗袍的上部，与现在旗袍的格局一样，下部却很宽，像个喇叭花。这符合游牧民族的生活需要，方便上马下马。

旗袍，从清朝的衬衣发展而来。清朝并没有出现"旗袍"二字，清朝人称这种衣服为"旗装"或"旗服"，满语为"衣介"。

直到百多年前，"旗袍"二字才正式出现，指代刺绣

服饰。

　　旗袍在民国时，变成常服，全国上下，人人都穿，极为统一；一度又被政府确定为国家礼服。

　　受到外来文化的影响，旗袍逐渐变长、两边开衩变高，腰身变紧，让女子的曲线美展现得淋漓尽致。

　　旗袍，改变了守旧风气，促进了妇女解放，促进了对自由、平等、个性的追求。它的风靡，意味着新女性的发端。

扩展阅读

　　民国时，社会动荡，平民能蔽体御寒已经很满足，根本无法追求服饰风格。寻常人家的妇人们常常提着竹篮，装着针线布片，走街串巷，为穷苦人缝补破衣，聊以糊口，称"缝穷"。

◎只为一块小"补子"

金简任户部侍郎时，闲来无事，在官服的补子上的狮尾后面加绣了一只小锦鸡。他觉得很可爱，自己很开心。

一日，乾隆皇帝召见他，惊讶地看到了那只小锦鸡，十分气愤。皇帝认为金简破坏了服饰制度，不遵从祖宗礼法，便将他的官职削掉了，还把他交给有关机构从重处置。

金简大呼冤枉，可无济于事，转眼间，他就因为一块小补子丢了官职。

何为补子呢？

补子，就是绣在官服上的一种装饰，代表官职，是地位和身份的象征。

补子的前身，是唐朝的异文袍——在常服上另加装饰性图案。最开始只为了好看，后来，就演变成了官职符号。不同的官职，绣不同的图案。比如，藩王的袍子绣龙和鹿，丞相的袍子绣凤，尚书的袍子绣对雁，将军的袍子绣对麒麟、对虎、对牛、对豹等，节度使上的袍子绣鹘衔绶带，观察使的袍子绣雁衔瑞草。

到了明朝，文官的袍子上绣各类飞鸟，寓意儒雅；武官的袍子上绣各类猛兽，寓意勇猛。

清朝时，补子迎来鼎盛。文官和武官的补子图案大相径庭。

一品文官绣仙鹤，二品文官绣锦鸡，三品文官绣孔雀，四品文官绣云雁，五品文官绣白鹇，六品文官绣鹭鸶，七品文官绣鸂鶒，八品文官绣鹌鹑，九品文官绣练雀。

一品武官绣麒麟，二品武官绣狮，三品武官绣豹，四品武官绣虎，五品武官绣熊，六品武官绣彪，七品武官绣犀牛，八品武官绣犀牛，九品武官绣海马。

从皇帝到九品官，官服都是蓝青色，后改为石青色。

补子直接缝在青色的官服上，制作补子的彩线外面，包裹着金银，以示尊贵。

"衣冠禽兽"这个成语，就是从官服演变而来的。因为文官的补子图案是禽类，武官的补子图案是兽类。他们不为百姓办实事，所以被痛骂为衣冠禽兽。

官服上，还有海水纹、岩石纹等，寓意江山永存。

补子可以自行配备，这就诞生了一种新行业，出现了专卖补子的铺子。

扩展阅读

明清的扬州女子，穿衣讲究，都是锦绣镶边。裙子花样多，有百褶裙；有玉裙，即二十四褶裙；有凤尾裙，即以缎裁成条、绣花、镶金线，然后"碎逗成裙"，名"凤尾"。

◎ 多少年可制一件龙袍

　　皇帝为了强化统治，往往会利用一些代表性的物品凸显皇权的至高无上。龙袍就是这样的产物。

　　龙袍能让人产生敬畏感，神秘感，也让皇帝的心理得到满足。

　　龙袍被赋予强烈的政治意义，只有皇帝可以穿，是权力的象征。其实，在3 000多年前的西周，天子和贵族都能穿龙袍；而且，龙为五爪龙。但是，普通臣民若穿了，就犯了死罪。

　　明朝时，绣五爪龙的，是龙袍；绣四爪龙和三爪龙的，被称为蟒袍。

　　嘉靖年间，兵部尚书张瓒上朝时，穿了件有点儿像蟒袍的官服。皇帝一眼瞅见，大为光火，黑着脸问群臣：二品官员可以穿蟒服吗？

　　一个大臣答道："他穿的是飞鱼服，只是颜色鲜艳，有点儿像蟒服而已。"

　　皇帝听了，仔细去看张瓒的官服。结果，他更生气了，因为他发现，飞鱼的头上还长着两只角。于是，他再次质问，鱼会长角吗？

　　这下无人说话了。

　　皇帝气得直喘粗气，传令下旨，不准随意绣龙、蟒、飞鱼之类，否则就是重罪。

　　有了禁令之后，丞相都不能再随意穿蟒袍了。可是，奇怪的是，有的太监却能穿蟒袍。

　　正德皇帝的贴身太监刘瑾常常滥用权力，胡乱变法。他有许多蟒袍和玉带，成箱成箱地赐给心腹。连给花浇水的人都穿着蟒袍。

▲ 祥云颜色多变，过渡自然；海浪严谨对称，纹丝不差

▲ 龙上珍珠的大小、形状完全相同

▲ 龙袍中，龙的头部被绣得生机勃勃

正德皇帝抓捕刘瑾是在一个深夜，刘瑾已睡下。皇帝使人敲门，刘瑾闻声而问，是谁？内侍回答，有旨。刘瑾赶忙起床，随便披了件衣服出来迎驾。这件"常服"，竟是一件青蟒衣！皇帝二话不说，让人将刘瑾绑了起来，关进了东厂。

织绣一件龙袍，颇费工夫。一件鹅黄缎细绣五彩云水全洋金龙袍，需要608个绣匠、285个金工、26个画匠合作，才能制成。

光绪皇帝有一件龙袍，由上千人制作才得以完成。

如果单由一人来绣一件龙袍，需要2年多时间才能绣完。织工们要时刻掌握手的力度，以使手的力度相一致，松了不行，紧了也不行；还要注意外界的影响，如天气变化等。

如果采用缂丝技法，则需要整整8年时间才能制成。由于皇帝也在成长，因此，等到8年后，刚刚织完的龙袍已经不太合身还要修改。

制作龙袍时，要由内务府的如意馆设计出样稿，再交由皇帝审阅；然后交给江南的织造局；织造局把布料制成半成品，由水路运往宫中；再由宫中的织绣坊绣制。这样

▼清朝绛色缎缉米珠彩绣云龙海水江崖纹龙袍

▼纹样复杂的龙袍

一个过程，要动用500多人，耗时2年之久，只有皇室能这样折腾。

龙袍以龙纹为主。康熙时，龙头为元宝状，没鼻梁；乾隆时，有鼻梁，鼻头宽扁；雍正时，龙头为肿骨状；光绪时，龙头为骷髅状，瘦长脸，尖下巴，鼻头为狮子状。

制作龙袍，烦琐、费时、麻烦，乾隆皇帝便下令，龙袍纹饰10年才准换1次，免得折腾。

扩展阅读

花绦是清朝的饰物，有的不足一寸宽，上有花卉禽鸟纹。肩绦，多鲜艳夺目，底色与花纹对比强烈；底色常为深蓝、墨绿、黑色，花纹常为淡黄、草绿、玫红、天蓝。

◎剥鱼皮做衣服

鱼皮司空见惯，用鱼皮制衣，却很少见。

在1 000多年前，东北的赫哲族就发明了鱼皮衣。赫哲人守着白山黑水，经年累月过着渔猎生活，鱼对他们来说再熟悉不过了。他们充分地利用了鱼资源，在鱼身上不断地发现妙用，鱼皮衣就这样诞生了。

▼图中女子所梳发式为钵盂头

在湍流中，游动着许多肥壮的大鱼。他们捕捞后，剥下整张鱼皮，将鱼皮裁剪、缝制，制成衣服。

他们最偏爱大马哈鱼，因为这种鱼纹理好看，颜色漂亮。但大马哈鱼每年都要迁徙，不能随时捕捉，所以，他们更多的时候，都去捕杀胖头鱼、草鱼、鳇鱼等。

赫哲女子采来鲜花，绞出鲜花的汁液，制出美丽的颜色，给鱼皮染色，有黑、灰、蓝、白等；根据鱼皮上的纹理，她们的染色也别有创意，有"回"字纹、浪花纹、几何纹、蝴蝶纹、鱼鳞纹等。

鱼皮衣，多为立领，也有斜领，以长袖为主；纽扣极为奇特，是用鱼骨头制成的；衣下，还缝有贝壳、谷穗等饰物。

裤子肥且大，裤边有云纹。鱼皮裤最早只有两个裤管，没有裤腰和裤裆。男子冬天打猎、夏天捕鱼，都要套上鱼皮裤，系上带子，以免掉落。

鱼皮裤防水，耐磨，还可保护膝盖。女子穿鱼皮裤，上山拾柴、在野地挖野菜，可防虫蛇、防潮湿。

鞋也是鱼皮制的，称为"鱼皮靰鞡"。制作鱼皮鞋的鱼，多为狗鱼、鲶鱼、鲤鱼。因为它们的鱼皮较为细嫩，穿在脚上，既舒服，又保暖。鱼皮鞋的摩擦力大，在冰上行走，不会打滑。

当赫哲人穿着全套的鱼皮衣、鱼皮裤、鱼皮鞋时，头上还戴着貉皮帽，个个野性十足，生机勃勃，有一种别样的华丽。

更为奇特的是，甚至连被褥都有用鱼皮来缝制的。

鱼皮服饰文化，伴随着一段文明的发展。它在服饰史上，占据着一席特殊之地。

扩展阅读

清朝的牡丹头、荷花头，发式豪华，高高耸立，有7寸多高，若盛开的牡丹、荷花；燕尾头是在脑后梳成扁平盘状，以簪或钗固定，髻后作燕尾状；钵盂头形如覆盂。

图书在版编目（CIP）数据

服饰的进化／萨娜著. --哈尔滨：
黑龙江教育出版社，2014. 3
ISBN 978-7-5316-7346-0

Ⅰ. ①服… Ⅱ. ①萨… Ⅲ. ①服饰文化–文化史–中国–青少年读物
Ⅳ. ①TS941.12–49

中国版本图书馆CIP数据核字（2014）第059171号

服饰的进化
FUSHI DE JINHUA

作　　者	萨娜
选题策划	彭剑飞
责任编辑	宋舒白　彭剑飞
装帧设计	琥珀视觉
责任校对	徐领弟

出版发行	黑龙江教育出版社（哈尔滨市南岗区花园街 158 号）
印　　刷	永清县晔盛亚胶印有限公司
新浪微博	http://weibo.com/longjiaoshe
公众微信	heilongjiangjiaoyu
E－m a i l	heilongjiangjiaoyu@126.com

开　　本	700×1000　1/16
印　　张	17
字　　数	210千字
版　　次	2014年9月第1版　2020年10月第3次印刷
书　　号	ISBN 978-7-5316-7346-0
定　　价	32.00元